Bergh · Ekstedt · Lindberg
Wavelets mit Anwendungen
in Signal- und Bildbearbeitung

Jöran Bergh · Fredrik Ekstedt
Martin Lindberg

Wavelets mit Anwendungen in Signal- und Bildbearbeitung

Aus dem Englischen übersetzt von Manfred Stern

Mit 85 Abbildungen

 Springer

Jöran Bergh
Matematiska vetenskaper
Chalmers tekniska högskola
och Göteborgs universitet
SE-41296 Göteborg, Sverige
E-mail: bergh@math.chalmers.se

Martin Lindberg
AlgoTrim AB
Anckargripsgatan 3
SE-21119 Malmö, Sverige
E-mail: martin.lindberg@algotrim.com

Fredrik Ekstedt
Fraunhofer-Chalmers Centrum
för Industrimatematik
Chalmers Teknikpark
SE-41288 Göteborg, Sverige
E-mail: fredrik.ekstedt@fcc.chalmers.se

Übersetzer
Manfred Stern
Kiefernweg 8
06120 Halle, Deutschland
E-mail: info@manfred-stern.de

Originalversion mit dem Titel *Wavelets* in englischer Sprache erschienen
bei Studentlitteratur, Lund, Sweden, 1999
© Jöran Bergh, Fredrik Ekstedt, Martin Lindberg and Studentlitteratur 1999

Diese Übersetzung von *Wavelets* wurde in Vereinbarung mit „Studentlitteratur AB"
veröffentlicht.

Bibliografische Information der Deutschen Nationalbibliothek

Die Deutsche Nationalbibliothek verzeichnet diese Publikation in der Deutschen Nationalbibliografie;
detaillierte bibliografische Daten sind im Internet über http://dnb.d-nb.de abrufbar.

Mathematics Subject Classification (2000): 42C40, 65T60, 94A12, 42-01

ISBN 978-3-540-49011-1   Springer Berlin Heidelberg New York

Vorwort

„Können Sie sich nicht irgendwo nach etwas Geld umsehen?" sagte Dilly.
Mr Dedalus dachte nach und nickte.
„Ja, das werde ich tun, sagte er würdevoll.
Ich habe schon den ganzen Rinnstein in der O'Connell Street abgesucht.
Ich werde es jetzt hier versuchen."

James Joyce, *Ulysses*

Warum noch ein Buch über Wavelets?

Wir meinen, daß es sich bei den gegenwärtigen Büchern über Wavelets im Großen und Ganzen entweder um Monographien oder um Handbücher handelt. Unter einer Monographie verstehen wir einen umfassenden Text mit vollständigen Quellenangaben, unter einem Handbuch hingegen eine bloße Sammlung von Rezepten oder Algorithmen.[1]

Wir verspürten deswegen den Bedarf an einer Interpolation, das heißt, an einem nicht allzu anspruchsvollen Text für diejenigen Leser, die sich mit den grundlegenden mathematischen Ideen und Techniken der Wavelet-Analyse vertraut machen möchten, sich aber gleichzeitig einen gewissen Überblick darüber verschaffen wollen, in welchen Zusammenhängen und wie die Theorie derzeit angewendet wird.

Wir wenden uns an Leser mit den mathematischen Vorkenntnissen höherer Studienjahre: wir setzen Kenntnisse über Anwendungen der linearen Algebra, der Fourierreihen und der Fourierschen Integrale voraus. Zum besseren Verständnis der Theorie ist jedoch auch die Kenntnis der Konvergenzresultate für (Lebesguesche) Integrale wünschenswert.

Diese Anforderungen an die Vorkenntnisse stellen uns folglich vor ein Dilemma. Mathematische Ausführungen sollten präzise sein, aber eine übertrieben gewissenhafte Beachtung der Präzision stellt zu starke Anforderungen an die Leser, die uns vorschweben.

---

[1] Darüber hinaus sind auch einige Bücher erschienen, die sich an eine nicht spezialisierte Leserschaft richten.

Unsere Lösung dieses Dilemmas bestand darin, einige mathematische Details wegzulassen und stattdessen den Leser auf umfassendere Darstellungen zu verweisen. Unser Ziel war, die Schlüsselideen und die grundlegenden Techniken in den Mittelpunkt zu rücken. Diese Absicht führte uns zu dem Kompromiß, der Ihnen jetzt vorliegt.

Bei der Auswahl des Stoffes kann man mit ziemlicher Sicherheit anders und möglicherweise auch besser vorgehen. Wir haben da gewiß auch Fehler gemacht. Jedenfalls wären wir für Verbesserungsvorschläge jeglicher Art sehr dankbar.

Göteborg, Januar 1999   *Jöran Bergh*
Fredrik Ekstedt
Martin Lindberg

Zum Inhalt

Das Buch besteht aus zwei Teilen: im ersten Teil stellen wir die Theorie dar, im zweiten Teil werden Anwendungen behandelt. Von grundlegender Wichtigkeit sind die Kapitel über Filterbänke und Multi-Skalen-Analyse. Die nachfolgenden Kapitel bauen auf diesen beiden Kapiteln auf und können unabhängig voneinander gelesen werden. In der Einleitung schildern wird einige der grundlegenden Ideen und Anwendungen.

Im theoretischen Teil prüfen geben wir zuerst einen Überblick über die Grundlagen der Signalverarbeitung. Danach schließen sich Ausführungen über Filterbänke an. Das wichtigste Kapitel dieses Teils behandelt die Multi-Skalen-Analyse und Wavelets. Der erste Teil schließt mit Kapiteln über höherdimensionale Wavelets, Lifting und die kontinuierliche Wavelet-Transformation.

Im Anwendungsteil geben wir zuerst einige der am besten bekannten Waveletbasen an. Danach diskutieren wir adaptive Basen, Kompression und Unterdrückung von Rauschen sowie Waveletmethoden, u.a. zur numerischen Behandlung von partiellen Differentialgleichungen. Abschließend beschreiben wir die Differenzierbarkeit in Waveletdarstellungen, eine Anwendung der kontinuierlichen Wavelet-Transformation, Feature-Extraktion und einige Implementationsfragen.

Am Ende der meisten Kapitel steht ein Abschnitt mit Vorschlägen zur weiterführenden Literatur. Diese Vorschläge sind als Ausgangspunkt für inhaltliche Vertiefungen und/oder zur Erlangung eines besseren mathematischen Verständnisses gedacht.[2]

Wir haben überall Übungsaufgaben eingestreut, um den Text zu ergänzen und dem Leser die Möglichkeit zu geben, selbst zu rechnen und dadurch sein Wissen zu festigen.

---

[2] Der Übersetzer dankt Frau Karin Richter (Martin Luther Universität Halle, Institut für Mathematik) für fachliche Hinweise, Herrn Frank Holzwarth (Springer-Verlag) für TEX-nische Hilfe, Herrn Gerd Richter (Angersdorf) für technischen Support, Frau Ute McCrory (Springer-Verlag) und Frau Andrea Köhler (Le-TEX, Leipzig) für Hinweise zur Herstellung der Endfassung.

Inhaltsverzeichnis

Teil II Anwendungen

1

Einleitung

Der Leser möge hier zum Beispiel an ein von einem Mikrofon aufgezeichnetes Tonsignal denken. Wir weisen auf diese „Eselsbrücke" hin, denn für die meisten Menschen ist es hilfreich, an eine spezifische konkrete Anwendung zu denken, wenn sie sich mit unbekannten mathematischen Begriffen vertraut machen möchten.

In dieser Einleitung versuchen wir, eine erste näherungsweise Antwort auf die untenstehenden Fragen zu geben, einige Vergleiche mit den klassischen Fourier-Methoden anzustellen und einige grundlegende Beispiele zu geben. In den danach folgenden Kapiteln wollen wir diese Fragen dann ausführlicher beantworten.

Was sind Wavelets und wann sind sie nützlich?

Wavelets können als Ergänzung zu den klassischen Methoden der Fourier-Zerlegung aufgefaßt werden.

Klassisch kann ein Signal (eine Funktion) in seine (ihre) unabhängigen Fourier-Modi zerlegt werden, wobei jeder Modus eine andere Frequenz, aber keine spezifische zeitliche Lokalisierung hat.

Alternativ kann das Signal in seine unabhängigen Wavelet-Modi zerlegt werden, wobei jeder Modus hauptsächlich zu einem Frequenzband gehört und eine bestimmte zeitliche Lokalisierung hat. (Das hängt mit der gefensterten Fourier-Transformation zusammen, ist aber von dieser verschieden.)

Somit ersetzt die Wavelet-Zerlegung die scharf definierte Frequenz der Fourier-Zerlegung durch eine zeitliche Lokalisierung.

Wir definieren die Fourier-Transformierte einer Funktion f durch

$$\widehat{f}(\omega) = \int_{-\infty}^{\infty} f(t)e^{-i\omega t}\, dt = \langle f, e^{i\omega \cdot} \rangle$$

wobei $\langle f, g \rangle = \int f(t)\overline{g(t)}\, dt$.

Unter gewissen milden Voraussetzungen für die Funktion f haben wir sowohl eine Fourier-Zerlegung

$$f(t) = \frac{1}{2\pi} \int_{-\infty}^{\infty} \langle f, e^{i\omega \cdot} \rangle e^{i\omega t} \, d\omega$$

als auch eine Wavelet-Zerlegung

$$f(t) = \sum_{j,k=-\infty}^{\infty} \langle f, \psi_{j,k} \rangle \, \psi_{j,k}(t),$$

wobei die $\psi_{j,k}(t) = 2^{j/2} \psi(2^j t - k)$ sämtlich Verschiebungen (Translationen) und Streckungen (Dilatationen) ein und derselben Funktion ψ sind.

Im Allgemeinen ist die Funktion ψ sowohl im Zeitbereich als auch im Frequenzbereich mehr oder weniger lokalisiert und mit $\int \psi(t) \, dt = 0$ besteht eine Auslöschungsforderung/Oszillationsforderung. Ist ψ im Zeitbereich gut lokalisiert, dann muß die Funktion im Frequenzbereich weniger gut lokalisiert sein – ein Umstand, der auf die folgende Ungleichung zurückzuführen ist (die mit der Heisenbergschen Unschärferelation der Quantenmechanik zusammenhängt):

$$(1.1) \quad \int |\psi(t)|^2 \, dt \leq 2 \left(\int |t\psi(t)|^2 \, dt \right)^{1/2} \left((2\pi)^{-1} \int |\omega \widehat{\psi}(\omega)|^2 \, d\omega \right)^{1/2}.$$

Grob gesprochen handelt es sich dabei um die Beiträge

$$\frac{1}{2\pi} \int_{I_j} \langle f, e^{i\omega \cdot} \rangle e^{i\omega t} \, d\omega$$

bzw.

$$\sum_{k=-\infty}^{\infty} \langle f, \psi_{j,k} \rangle \, \psi_{j,k}(t)$$

des Frequenzbandes (Oktavbandes) $I_j = \{\omega; \, 2^{j-1} + 2^{j-2} < |\omega/\pi| < 2^j + 2^{j-1}\}$.

In der letztgenannten Summe wird jeder Term bei $t = 2^{-j}k$ lokalisiert, falls $\psi(t)$ bei $t = 0$ lokalisiert wird. Der Frequenzinhalt von $\psi_{j,k}$ wird bei $\omega = 2^j \pi$ lokalisiert, falls die Funktion ψ ihren Frequenzinhalt hauptsächlich in einer Umgebung von $\omega = \pi$ hat. (Man beachte: $\int \psi(t) \, dt = 0$ bedeutet $\widehat{\psi}(0) = 0$.) Für das in Abbildung 1.1 gezeigte Haar-Wavelet ist der Modul der Fourier-Transformierten gleich $4(\sin \omega/4)^2/\omega$, $\omega > 0$, was diesen Sachverhalt illustriert.

Im Gegensatz hierzu haben die harmonischen Bestandteile $e^{i\omega t}$ in der Fourier-Darstellung eine scharfe Frequenz ω und überhaupt keine zeitliche Lokalisierung.

Wird also $\langle f, e^{i\omega \cdot} \rangle$ für irgendein ω im gegebenen Frequenzband I_j gestört, dann wird dadurch für alle Zeiten das Verhalten beeinflußt.

Wird umgekehrt $\langle f, \psi_{j,k} \rangle$ gestört, dann beeinflußt dieser Umstand das Verhalten hauptsächlich im gegebenen Frequenzband I_j und hauptsächlich in einer Umgebung von $t = 2^{-j}k$ durch eine Größe, die mit 2^{-j} vergleichbar ist.

Übungsaufgaben zu Abschnitt 1.0

Übungsaufgabe 1.1. Beweisen Sie die Ungleichung (1.1) unter Verwendung der Identität

$$\psi(t) = D(t\psi(t)) - tD\psi(t)$$

mit anschließender partieller Integration sowie mit Hilfe der Cauchy-Schwarzschen Ungleichung

$$|\langle f, g \rangle| \le \|f\| \, \|g\|,$$

wobei $\|f\|$ durch

$$\|f\| = \left(\int_{-\infty}^{\infty} |f(t)|^2 \, dt \right)^{1/2}$$

definiert ist.

1.1 Haar-Wavelet und Approximation

Die Wavelet-Entwicklung konvergiert unter gewissen milden Voraussetzungen gegen eine gegebene Funktion. Die allgemeine Strategie bei unserer vorliegenden Illustration besteht darin, zuerst die Approximation der gegebenen Funktion durch die *Skalierungsfunktion* auf einer gewissen hinreichend feinen Skala anzugeben (wobei wir nicht darauf eingehen, in welchem Sinne es sich um eine Approximation handelt). Danach drücken wir die so gewählte Approximationsfunktion durch das *Wavelet* aus.

Unsere Darstellung liefert auch ein Argument dafür, warum man eine Wavelet-Entwicklung einer gegebenen Funktion durch Wavelets ausdrückt, die alle das Integral 0 haben, obwohl dieser Sachverhalt auf den ersten Blick widersprüchlich erscheint.

Wir betrachten das *Haar-Wavelet*-System in einem einfachen Fall. Das Haar-Wavelet und die entsprechende *Haarsche Skalierungsfunktion* sind die Funktionen ψ bzw. φ in Abb. 1.1. Beide Funktionen sind außerhalb des Intervalls $(0, 1)$ gleich 0.

Man beachte die beiden fundamentalen Skalierungsrelationen, welche die Funktionen auf einer Skala durch die Skalierungsfunktion φ auf der halbierten Skala ausdrücken:

$$\varphi(t) = \varphi(2t) + \varphi(2t - 1)$$
$$\psi(t) = \varphi(2t) - \varphi(2t - 1).$$

Nun sind φ und ψ ebenso wie auch $\{\varphi(t - k)\}_k$ und $\{\psi(t - k)\}_k$ mit dem Skalarprodukt $\langle f, g \rangle := \int f(t)\overline{g(t)} \, dt$ orthogonal.

Es sei $f(t) = t^2$ für $0 < t < 1$ und ansonsten sei $f(t) = 0$. Wir können die Funktion f durch ihre Mittelwerte über den dyadischen Intervallen $\left(k \, 2^{-j}, (k+1)2^{-j} \right)$ approximieren. Für $j = 2$ ist das in Abb. 1.2 zu sehen.

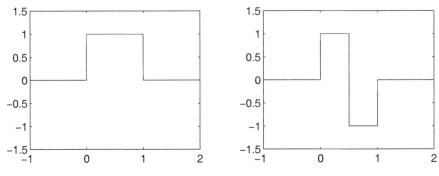

Abb. 1.1. Die Funktionen φ (links) und ψ (rechts)

Die Approximationen sind ganzzahlige Verschiebungen (Translate) der gestreckten (dilatierten) Skalierungsfunktionen. Der zweite Mittelwert von links ist

$$\langle f, 2\varphi(2^2 \cdot 2 - 1)\rangle = \int_0^1 t^2 2\varphi(2^2 t - 1)\, dt,$$

wobei die dilatierte Skalierungsfunktion normalisiert ist, damit ihr quadratisches Integral gleich 1 wird.

Offensichtlich wird diese Approximation mit wachsendem j besser und wählt man j hinreichend groß (hinreichend feine Skala), dann kann die Approximation (in L^2) beliebig genau gemacht werden.

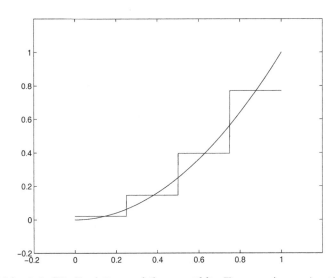

Abb. 1.2. Die Funktion und ihre gewählte Treppen-Approximation

Zum Zweck der Veranschaulichung beginnen wir mit dem (willkürlich gewählten) Approximationsfall $j = 2$, wie in Abb.1.2 dargestellt. Nun kommt ein entscheidender Schritt. Wir können die approximierende Treppenfunktion durch ihre Mittelwerte über den dyadischen Intervallen doppelter Länge $2^{-(j-1)} = 2^{-1}$ ausdrücken und gleichzeitig die Differenz zwischen den beiden approximierenden Treppenfunktionen aufzeichnen. Man beachte, daß die Differenz durch das Haar-Wavelet auf derselben verdoppelten Skala in Abb. 1.3 ausgedrückt wird.

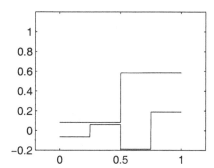 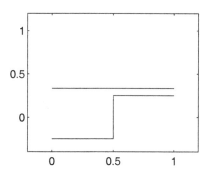

Abb. 1.3. Die ersten beiden aufeinanderfolgenden Mittelwerte und Differenzen bei verdoppelten Skalen

Wir können dieses Verfahren beliebig oft wiederholen. Wenn wir Mittelwerte über den Intervallen der Länge 2^j, $j \leq 0$, nehmen, dann ist nur *ein* Wert von 0 verschieden, nämlich $2^j/3$ (vgl. Abb. 1.4). Dementsprechend strebt der Anteil der Wavelet-Entwicklungen in diesen Skalen für $j \to -\infty$ gegen 0 (in L^2).

1.2 Beispiel einer Wavelet-Transformation

Wir haben die in Abb. 1.5 dargestellte Funktion (ziemlich willkürlich) „zusammengeklebt". Die Funktion besteht aus einem sinusartigen Anteil, einem konstanten Treppenanteil und einem parabolischen Anteil.

Die Funktion wird dann auf der linksstehenden Darstellung von Abb. 1.6 in unabhängige (orthogonale) Teile zerlegt (*Multi-Skalen-Zerlegung*), wobei jeder Teil im Wesentlichen (aber nicht exakt) in einer Frequenzoktave liegt. Auf der rechtsstehenden Darstellung sind die entsprechenden Wavelet-Koeffizienten zu sehen.

Die horizontalen Achsen sind die Zeitachsen. Die unterste graphische Darstellung stellt die obere Hälfte des verfügbaren Frequenzbereiches dar, die danach folgende graphische Darstellung stellt die obere Hälfte der verbleibenden unteren Hälfte des Frequenzbereiches dar und so weiter.

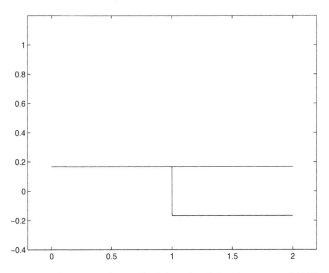

Abb. 1.4. Die dritten aufeinanderfolgenden Mittelwerte und Differenzen

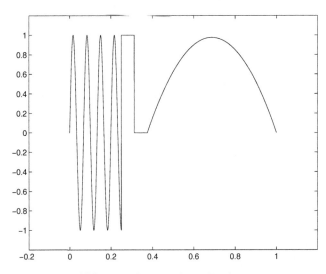

Abb. 1.5. Die gegebene Funktion

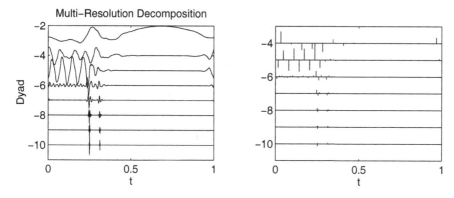

Abb. 1.6. Die Zerlegung (links) und die Koeffizienten (rechts)

Man beachte, daß die scharfen Änderungen der Funktion in den Auflösungen deutlich sichtbar sind. Die entsprechende graphische Darstellung des Fourier-Spektrums weist lediglich Frequenzspitzen auf. Verwendet man Zeitfenster und führt man Fourier-Transformationen für jedes Fenster durch, dann erkennt man die gleichen Eigenschaften wie bei der Multi-Skalen-Zerlegung, aber die Wahl der richtigen Fenstergröße erfordert im Allgemeinen zusätzliche Informationen.

Darüber hinaus ist die Anzahl der Operationen im Multi-Skalen-Algorithmus linear bezüglich der Sample-Anzahl des Signals, wo die schnelle Fourier-Transformation einen zusätzlichen logarithmischen Faktor hat.

1.3 Fourier *vs* Wavelet

Wir betrachten nun ein gesampeltes Signal mit den Werten $(0, 0, 1, 0)$ und Periode 4. Wir vergleichen die algorithmischen Implementierungen der diskreten Fourier-Transformation mit den Wavelet-Methoden und ihren entsprechenden Frequenz-Baublöcken. In Übungsaufgabe 1.4 geben wir an, wie eine Translation die entsprechenden Transformationen beeinflußt: Für die Fourier-Transformation erhalten wir einen Phasenfaktor und für die Wavelet-Transformation ist der Effekt einer Translation im Allgemeinen nicht offensichtlich.

Aus der Sicht der Fourier-Analyse können für diese Folge die Werte der Funktion

$$x(t) = 1/4 - 1/2 \cos \pi t/2 + 1/4 \cos \pi t$$

an ganzzahligen Stellen genommen werden, das heißt, die diskrete Fourier-Folge ist $(1/4, -1/4, 1/4, -1/4)$, wobei das erste Element $1/4$ der Mittelwert der ursprünglichen Folge ist. Diese Werte werden nach der Standardmethode berechnet $((x_n)_{n=0}^3$ ist die ursprüngliche Folge):

$$X_k = 1/4 \sum_{n=0}^{3} x_n e^{-2\pi ikn/4} \quad (k = 0,1,2,3).$$

Aus der Sicht der Haar-Wavelet-Analyse ist die Sample-Folge in der Funktion

$$x(t) = 0\,\varphi(t) + 0\,\varphi(t-1) + 1\,\varphi(t-2) + 0\,\varphi(t-3)$$

codiert, wobei $\varphi(t) = 1$ $(0 < t < 1)$ und $= 0$ für andere Werte von t. In Abb. 1.7 sind also die Sample-Werte rechts neben ihren entsprechenden Indizes auf der horizontalen t-Achse abgebildet.

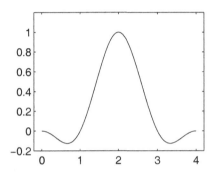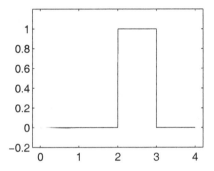

Abb. 1.7. Fourier-Darstellung (links) und Haar-Darstellung (rechts)

Wir zeigen jetzt, wie die verschiedenen Frequenzbänder zu den (verschiedenen) Funktionen beitragen.

Die Fourier-Komponente mit der höchsten Frequenz ist $1/4 \cos \pi t$. Die Haar-Wavelet-Komponente mit der höchsten Frequenz ergibt sich folgendermaßen[1]:

$$\begin{bmatrix} 1 & -1 & 0 & 0 \\ 0 & 0 & 1 & -1 \end{bmatrix} \begin{bmatrix} 0 \\ 0 \\ 1 \\ 0 \end{bmatrix} = \begin{bmatrix} 0 \\ 1 \end{bmatrix}.$$

Hierdurch wird paarweise die Differenz zwischen den benachbarten Elementen gemessen und die resultierende Folge ist in der Funktion

$$Gx(t) = 0\,\psi(t/2) + 1\,\psi(t/2 - 1)$$

codiert, die einen Hochfrequenzanteil darstellt, wobei

$$\psi(t) = 1\,\varphi(2t) - 1\,\varphi(2t - 1)$$

---

[1] Zur Vereinfachung der Schreibweise haben wir den Normalisierungsfaktor $2^{1/2}$ unterdrückt (vgl. Übungsaufgabe 1.2).

das Haar-Wavelet ist. Die beiden Koeffizienten ± 1 sind hier die von Null verschiedenen Einträge in der Filtermatrix. Diese beiden Komponenten sind in Abb. 1.8 dargestellt; die Lokalisierung ist hierbei in der Haar-Komponente offensichtlich, aber in der Fourier-Komponente unklar.

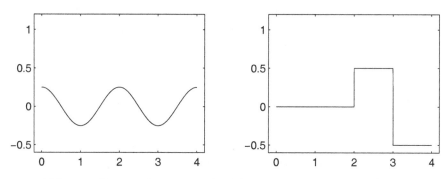

Abb. 1.8. Fourier-Komponente (links) und Haar-Komponente (rechts)

Die entsprechende Mittelwerte werden analog berechnet:

$$\begin{bmatrix} 1 & 1 & 0 & 0 \\ 0 & 0 & 1 & 1 \end{bmatrix} \begin{bmatrix} 0 \\ 0 \\ 1 \\ 0 \end{bmatrix} = \begin{bmatrix} 0 \\ 1 \end{bmatrix}.$$

Das ist in der Funktion

$$Hx(t) = 0\,\varphi(t/2) + 1/2\,\varphi(t/2 - 1)$$

codiert, die den entsprechenden Niederfrequenzanteil darstellt, der in Abb. 1.9 zu sehen ist. (Der Faktor $1/2$ anstelle der erwarteten 1 ist auf die oben genannten unterdrückten Normalisierungsfaktoren zurückzuführen (vgl. Übungsaufgabe 1.2).)

Bezeichnet man die obengenannten Filtermatrizen mit denselben Buchstaben G und H sowie ihre Adjungierten mit G^* bzw. H^*, dann läßt sich Folgendes leicht überprüfen (I bezeichnet die Einheitsmatrix und O die Nullmatrix):

$$G^*G + H^*H = 2I$$
$$GH^* = HG^* = O$$
$$HH^* = GG^* = 2I.$$

Die erste Gleichung zeigt, daß wir die ursprüngliche Folge aus den in Gx und Hx codierten Folgen rekonstruieren können, und die mittleren beiden Gleichungen besagen, daß die Funktionen Gx und Hx orthogonal sind. (Man

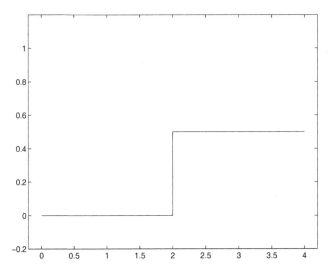

Abb. 1.9. Die entsprechende mittlere Komponente (Niederfrequenz-Komponente) Hx

beachte, daß die codierten Folgen nicht an sich orthogonal sind, sondern daß es sich um eine Orthogonalitätsrelation zwischen den Spalten von G und den Spalten von H handelt).

Für die nächsthöhere Frequenz ist die Fourier-Komponente $-1/2 \cos \pi t/2$. (Die Folge ist reellwertig und deswegen ist X_1 die komplexe Konjugierte von $X_{-1} = X_3$.) Die entsprechende Haar-Wavelet-Komponente wird aus den Mittelwerten des vorhergehenden Levels berechnet:

$$\begin{bmatrix} 1 & -1 \end{bmatrix} \begin{bmatrix} 0 \\ 1 \end{bmatrix} = \begin{bmatrix} -1 \end{bmatrix}$$

Hierdurch wird die Differenz zwischen (benachbarten Paaren von) Mittelwerten gemessen. Die resultierende Folge ist in der Funktion

$$-1/4 \, \psi(t/4)$$

codiert (Normalisierungsfaktor unterdrückt; vgl. Übungsaufgabe 1.2). Der Sachverhalt ist in Abb. 1.10 dargestellt.

Die entsprechenden Mittelwerte werden ebenfalls aus den Mittelwerten des vorhergehenden Levels berechnet:

$$\begin{bmatrix} 1 & 1 \end{bmatrix} \begin{bmatrix} 0 \\ 1 \end{bmatrix} = \begin{bmatrix} 1 \end{bmatrix}.$$

Dieser Sachverhalt ist in der Funktion $(0 < t < 4)$

$$\varphi(t/4) \equiv 1$$

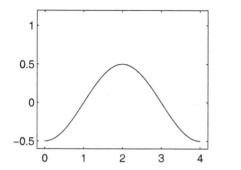 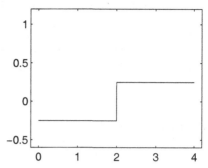

Abb. 1.10. Die nächsthöhere Fourier-Komponente (links) und die nächsthöhere Haar-Komponente (rechts)

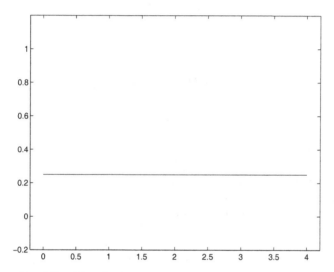

Abb. 1.11. Das Mittel bei der Fourier-Darstellung und bei der Haar-Darstellung

codiert und stellt somit den Mittelwert 1/4 (vgl. Übungsaufgabe 1.2) der ursprünglichen Folge in Abb. 1.11 dar.

Die Wavelet-Analyse läßt sich als sukzessives Verfahren auffassen, bei dem man Mittelwerte und Differenzen auf einer doppelten Skala betrachtet, die Differenzen aufzeichnet und den Prozeß mit den Mittelwerten wiederholt. Man kann das solange wiederholen, bis die Mittelwerte auf einer Skala betrachtet werden, die vergleichbar ist mit der Länge der ursprünglichen Folge dividiert durch die Filterlänge. Beim obigen Beispiel erhielten wir im letzten Schritt exakt den Mittelwert, denn die Länge des Haar-Filters ist 2: der Filter wird durch die beiden von Null verschiedenen Einträge in jeder Zeile der Matrizen G und H repräsentiert.

Übungsaufgaben zu Abschnitt 1.3

Übungsaufgabe 1.2. Zeigen Sie, daß die korrekten Werte auftreten, wenn man die normalisierten Funktionen in den codierenden Darstellungen wählt: zum Beispiel, wenn man die normalisierte Funktion $2^{1/2}\psi(2t-1)$ anstelle von $\psi(2t-1)$ wählt. „Normalisiert" bedeutet, daß das Integral der quadrierten Funktion gleich 1 ist (d.h. die L^2-Norm ist 1).

Übungsaufgabe 1.3. Vergleichen Sie den FFT-Algorithmus[2] und die obige Haar-Wavelet-Transformation im Hinblick darauf, auf welche Weise die Nichtlokalität und die Lokalität der entsprechenden Transformation in Erscheinung treten. Der Sachverhalt wird bereits im Vier-Punkt-Fall offensichtlich.

Übungsaufgabe 1.4. Was geschieht, wenn ein anderes Segment gewählt wird, das heißt, wenn die vier Samples $(0,0,0,1)$ sind und $x_0 = x_1 = x_2 = 0$, $x_3 = 1$. Vergleichen Sie den Einfluß auf die Fourier-Darstellung und auf die Wavelet-Darstellung.

1.4 Fingerabdrücke und Bildkompression

Die Speicherung von Fingerabdrücken in einem leicht zugänglichen Archiv bedeutet, daß die Bilder elektronisch und in digitaler Form gespeichert werden müssen. Die Grauwertskala des Bildes kann als Funktion $g(x,y)$ zweier Variabler aufgefaßt werden. Natürlich muß diese Funktion g in Bildelemente (Pixel) gesampelt werden, wodurch sie auf einer ebenen Anordnung von beispielsweise 512×512 Punkten definiert ist. Diese 512×512 Grauskalenwerte mit einem Bereich von vielleicht 64 verfügbaren Schattierungen (wie in Abb. 1.12) ergeben dann $2^{9+9+3} \approx 2$ Mbytes für nur einen Fingerabdruck.

Könnte die Anzahl der erforderlichen Bits beispielsweise auf 1% reduziert werden, dann wären Speicherung, Retrieval[3] und Übermittlung offenbar sehr viel kostengünstiger.

Tatsächlich führt das Federal Bureau of Investigation (FBI) in den USA gegenwärtig eine derartige Reduktion oder Kompression der Fingerabdruck-Informationen unter Verwendung einer Wavelet-Technik durch. Der Erfolg dieser Technik hängt von der Fähigkeit der Wavelets ab, lokale Änderungen in einer Funktion (Bild) zu entdecken und zu codieren und genau das ist es, was die Information des Fingerabdrucks ausmacht: das individuelle Muster der Hautfurchen an den Fingerspitzen in Abb. 1.12.

Ein verwandtes Problem ist die effiziente Kompression von Bildsignalen, zum Beispiel zur Erleichterung der öffentlichen Übermittlung von Bildern in Echtzeit über das Internet. Algorithmen für diese Kompression werden gegenwärtig kommerziell entwickelt.

---

[2] FFT = fast Fourier transform (schnelle Fourier-Transformation).

[3] Wiederauffinden gespeicherter Daten.

Abb. 1.12. Aus einer digitalen Grauwertskalen-Darstellung erzeugter Fingerabdruck

1.5 Unterdrückung von Rauschen (Denoising)

Eine weitere erfolgreiche Anwendung von Wavelet-Techniken ist das Denoising von Signalen, das heißt, die Unterdrückung von Rauschen. Dieser Vorgang ist in gewissem Sinne mit der – im vorhergehenden Abschnitt beschriebenen – Bildkompression durch Wavelets verwandt.

Betrachtet man zum Beispiel *weißes Rauschen*, dann denkt man sich dieses üblicherweise als stochastischen Prozeß, der durch ein flaches Fourier-Kraftspektrum realisiert wird. Sind die Wavelets als orthonormale Basis unabhängig, dann überträgt sich das auf die analoge Eigenschaft der Wavelet-Koeffizienten. Weiß man also, daß es sich bei dem zu unterdrückenden Rauschen um weißes Rauschen handelt, dann ist ein einfaches Thresholding der Wavelet-Koeffizienten ein in der Praxis erfolgreiches Verfahren. (Thresholding bedeutet, daß sämtliche Wavelet-Koeffizienten unterhalb der gewählten Schwelle gleich 0 gesetzt werden.)

1.6 Bemerkungen

Die Wavelet-Analyse wird seit knapp zwei Jahrzehnten in der Praxis der Signal/Bild-Verarbeitung eingesetzt. Die meisten mathematischen Ideen, in Bezug auf die sich die Wavelet-Analyse von der klassischen Fourier-Analyse unterscheidet, sind weniger als hundert Jahre alt.

Ein Hauptgrund für das Interesse der angewandten Mathematiker an Wavelets sind die zunehmenden Möglichkeiten, Berechnungen schnell und mit immer leistungsstärkeren Computern durchzuführen.

Historische Überblicke findet man in den Büchern von Meyer [24], [23], Daubechies [11], Kahane & Lemarié [21]. Mit Ausnahme von [24] geben diese Bücher eine relativ vollständige und detaillierte mathematische Behandlung der Theorie.

Die beiden Bücher Hubbard [19] und Meyer [24] wenden sich, ebenso wie der Übersichtsartikel von Jawerth und Sweldens [20], an einen größeren Leserkreis.[4]

Es gibt auch Bücher mit anderen Schwerpunkten. Wir nennen hier die Bücher von Strang und Nguyen [27] (Signalverarbeitung), von Hernández und Weiss [16] (Techniken der Fourier-Transformation), von Chui [7] [8] (Splines, Signalverarbeitung) und von Mallat [22] (Signalverarbeitung).[5]

Informationen im Internet

Im Internet gibt es viel Material über Wavelets. Insbesondere gibt es die Zeitschrift *Wavelet Digest*, die (kostenlos) abonniert werden kann, und die WAVELET Toolbox in MATLAB.

Wir verweisen den Leser auf die URL-Adresse

$$\texttt{http://www.wavelet.org}$$

---

[4] Zusätzlich zu den englischsprachigen Quellen nennen wir auch die beiden folgenden deutschsprachigen Werke: W. Bäni, *Wavelets. Eine Einführung für Ingenieure*, 2., überarbeitete Auflage, Oldenbourg (2005), sowie A.K. Louis, P. Maaß und A. Rieder, *Wavelets: Theorie und Anwendungen*, Teubner Studienbücher Mathematik, 2., überarbeitete und erweiterte Auflage (1998).

[5] Hierbei handelt es sich um keine vollständige Liste.

Teil I

Theorie

2

Signalverarbeitung

In diesem Kapitel geben wir einen Überblick über das Standardmaterial der zeitdiskreten Signalverarbeitung. Die hier eingeführten Begriffe werden durchgehend in Kapitel 3 im Zusammenhang mit Filterbänken verwendet. Zeitstetige Signale (oder Funktionen) werden in Kapitel 4 behandelt, wenn wir Wavelets diskutieren. Der erste Abschnitt definiert zeitdiskrete Signale und Filter. Hieran schließen sich zwei Abschnitte über die Fourier-Transformation und die z-Transformation sowie über deren Anwendung auf die Filtertheorie an. Danach folgt ein Abschnitt über Filter mit linearem Phasengang und symmetrische Filter, die später bei unserer Untersuchung der symmetrischen Wavelet-Basen eine wichtige Rolle spielen werden. Wir schließen das Kapitel mit einem Überblick über Vektorräume, zweidimensionale Signalverarbeitung und über das Sampling von zeitstetigen Signalen.

2.1 Signale und Filter

Ein zeitdiskretes *Signal* x ist eine Folge von reellen oder komplexen Zahlen

$$x = (x_k)_{k=-\infty}^{\infty} = (\dots, x_{-1}, x_0, x_1, \dots).$$

In den meisten Fällen sind unsere Signale reellwertig, aber aus Gründen der Allgemeinheit setzen wir voraus, daß sie komplexwertig sind. Mathematisch gesprochen ist ein Signal dann eine Funktion $x : \mathbb{Z} \to \mathbb{C}$. Darüber hinaus gilt für ein Signal $x \in \ell^2(\mathbb{Z})$, falls es eine endliche Energie hat, das heißt, falls $\sum_k |x_k|^2 < \infty$. Im nächsten Kapitel sprechen wir ausführlicher über den Raum $\ell^2(\mathbb{Z})$ und zeitdiskrete Basen.

Ein *Filter* H ist ein Operator, der ein Eingabesignal x auf ein Ausgabesignal $y = Hx$ abbildet; diese Situation wird oft durch ein Blockdiagramm dargestellt (vgl. Abb. 2.1). Ein Filter H ist *linear*, wenn er die folgenden beiden Bedingungen für alle Eingabesignale x und y sowie für alle Zahlen a erfüllt:

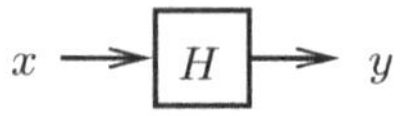

$$x \longrightarrow \boxed{H} \longrightarrow y$$

Abb. 2.1. Blockdiagramm eines Filters

(2.1a) $$H(x + y) = Hx + Hy,$$

(2.1b) $$H(ax) = aHx.$$

Ein einfaches Beispiel für einen linearen Filter ist der Delay-Operator D, der das Eingabesignal x einer Verschiebung von einem Schritt unterwirft. Eine Verschiebung von n Schritten wird mit D^n bezeichnet und ist folgendermaßen definiert:

$$y = D^n x \quad \Leftrightarrow \quad y_k = x_{k-n}, \quad \text{für alle } k \in \mathbb{Z}.$$

Für einen *zeitinvarianten* (oder verschiebungsinvarianten) Filter erzeugt eine Verschiebung bei der Eingabe eine entsprechende Verschiebung bei der Ausgabe. Für alle Eingabesignale x haben wir demnach

$$H(Dx) = D(Hx).$$

Das heißt, der Operator H ist mit dem Delay-Operator vertauschbar: $HD = DH$. Hieraus folgt auch, daß der Filter invariant gegenüber einer beliebigen Verschiebung von n Schritten ist: $H(D^n x) = D^n(Hx)$.

Wir nehmen nun an, daß H ein linearer und zeitinvarianter Filter (LTI-Filter[1]) ist. Es sei h die Ausgabe oder die Antwort, wenn die Eingabe der *Einheitsimpuls* ist:

$$\delta_k = \begin{cases} 1 & \text{für } k = 0, \\ 0 & \text{andernfalls,} \end{cases}$$

das heißt, $h = H\delta$. Die Folge (h_k) heißt die *Impulsantwort* des Filters. Da der Filter zeitinvariant ist, haben wir

$$D^n h = H(D^n \delta).$$

Schreiben wir also das Eingabesignal x des Filters formal als

$$x = \cdots + x_{-1} D^{-1}\delta + x_0 \delta + x_1 D\delta + \cdots = \sum_n x_n D^n \delta$$

und verwenden wir die Tatsache, daß der Filter linear ist, dann können wir das Ausgabesignal $y = Hx$ in der folgenden Form schreiben:

$$y = H\left(\sum_n x_n D^n \delta\right) = \sum_n x_n H(D^n \delta)$$

$$= \sum_n x_n D^n h =: h * x.$$

---

[1] L = linear, TI = time-invariant.

Hier haben wir einen neuen Operator eingeführt, nämlich die *Faltung* von h und x, die folgendermaßen definiert ist:

$$(2.2) \qquad y = h * x \quad \Leftrightarrow \quad y_k = \sum_n x_n (D^n h)_k = \sum_n x_n h_{k-n}.$$

Hieraus schlußfolgern wir, daß ein LTI-Filter durch seine Impulsantwort eindeutig bestimmt ist, und daß die Ausgabe y immer als Faltung der Eingabe x und der Impulsantwort h geschrieben werden kann:

$$(2.3) \qquad y = Hx = h * x.$$

Das zeigt, wie die Eigenschaften der Linearität und der Zeitinvarianz die Definition der Faltung motivieren. In der Literatur ist es üblich, die Bedeutung des Wortes Filter auf einen Operator zu beschränken, der sowohl linear als auch zeitinvariant ist; der Begriff Operator wird für den allgemeineren Fall verwendet.

Ein Filter mit *endlicher Impulsantwort* (FIR-Filter[2]) hat nur endlich viele von Null verschiedene Koeffizienten. Ist ein Filter kein FIR-Filter, dann wird er als Filter mit *unendlicher Impulsantwort* (IIR-Filter[3]) bezeichnet.

Ein LTI-Filter ist *kausal*, wenn er die Bedingung $h_k = 0$ für $k < 0$ erfüllt. Nichtkausale Filter werden oft als nichtrealisierbar bezeichnet, da sie die Kenntnis zukünftiger Werte des Eingabesignals erfordern. Das ist nicht notwendigerweise ein Problem bei Anwendungen, bei denen die Signalwerte möglicherweise schon auf einem physikalischen Medium gespeichert sind, zum Beispiel auf einer CD-ROM. Außerdem lassen sich nichtkausale FIR-Filter immer so verschieben, daß sie kausal werden. Später – wenn wir die Theorie der Filterbänke und der Wavelets entwickeln – wird es sich als praktisch erweisen, mit nichtkausalen Filtern zu arbeiten.

Die *Korrelation* $x \star y$ zweier Signale x und y ist die folgendermaßen definierte Folge:

$$(2.4) \qquad (x \star y)_k = \sum_n x_n y_{n-k} = \sum_n x_{n+k} y_n.$$

Das Ergebnis der Korrelation eines Signals mit sich selbst wird als *Autokorrelation* des Signals bezeichnet.

Beispiel 2.1. Ein Beispiel für einen LTI-Filter ist der Mittelungsfilter, der durch die folgende Impulsantwort definiert ist:

$$h_k = \begin{cases} 1/2 & \text{für } k = 0, 1, \\ 0 & \text{andernfalls.} \end{cases}$$

---

[2] FIR = finite impulse response.
[3] IIR = infinite impulse response.

Dieser Filter ist ein kausaler FIR-Filter. Die Ausgabe y wird als die Faltung der Eingabe x und der Impulsantwort h berechnet:

$$y_k = \sum_n h_n x_{k-n}$$
$$= h_0 x_k + h_1 x_{k-1}$$
$$= \frac{1}{2}(x_k + x_{k-1}).$$

Das heißt, die Ausgabe ist das zeitliche Mittel der beiden vorhergehenden Eingabewerte. □

Beispiel 2.2. Bei Filterbänken sind der Downsampling-Operator ($\downarrow 2$) und der Upsampling-Operator ($\uparrow 2$) von fundamentaler Wichtigkeit. Der Downsampling-Operator eliminiert aus der Folge alle Werte mit ungeradzahligem Index und der Upsampling-Operator fügt zwischen jeden Wert der Folge eine Null ein:

$$(\downarrow 2)x = (\dots, x_{-4}, x_{-2}, x_0, x_2, x_4, \dots),$$
$$(\uparrow 2)x = (\dots, 0, x_{-1}, 0, x_0, 0, x_1, 0, \dots).$$

Diese beiden Operatoren sind linear, aber *nicht* zeitinvariant. □

Übungsaufgaben zu Abschnitt 2.1

Übungsaufgabe 2.1. Zeigen Sie, daß der Upsampling-Operator und der Downsampling-Operator lineare Operatoren, aber nicht zeitinvariant sind.

Übungsaufgabe 2.2. Ein Filter ist *stabil*, falls alle beschränkten Eingabesignale ein beschränktes Ausgabesignal erzeugen. Ein Signal x ist beschränkt, falls $|x_k| < C$ für alle k und für eine Konstante C gilt. Beweisen Sie, daß ein LTI-Filter H dann und nur dann stabil ist, wenn $\sum_k |h_k| < \infty$.

2.2 Die z-Transformation

Wir führen jetzt die z-Transformation und später die Fourier-Transformation ein. Die Wirkung von Filtern im Zeit- und im Frequenzbereich ist bei der Signalverarbeitung fundamental. Die Faltung im Zeitbereich wird zu einer einfachen Multiplikation im Frequenzbereich. Dieser Sachverhalt ist der Schlüssel für den Erfolg dieser Transformationen.

Wir definieren die z-Transformation eines zeitdiskreten Signals x durch

(2.5)
$$X(z) = \sum_{k=-\infty}^{\infty} x_k z^{-k}, \quad z \in \mathbb{C},$$

und gelegentlich schreiben wir diesen Sachverhalt in der Form $x \supset X(z)$. Die Reihe ist konvergent und die Funktion $X(z)$ ist analytisch für alle komplexe Zahlen z innerhalb eines Kreisringbereiches $r < |z| < R$ in der komplexen Ebene.

Beispiel 2.3. Einige einfache Folgen und ihre z-Transformierten sind gegeben durch:

1. $x = \delta$, $\qquad\qquad$ $X(z) = 1$, $\qquad\qquad$ (Impuls)

2. $x = D^n \delta$, $\qquad\qquad$ $X(z) = z^{-n}$, $\qquad\qquad$ (Impulsverzögerung)

3. $x_k = \begin{cases} 1, & k \geq 0, \\ 0, & k < 0, \end{cases}$ $\qquad$ $X(z) = \dfrac{z}{z-1}$. $\qquad$ (Einheitsschritt)

$\qquad\qquad\qquad\qquad\qquad\qquad\qquad\qquad\qquad\qquad\qquad\qquad\qquad\qquad$ □

Wir wollen uns nun ansehen, wie verschiedene Operationen im Zeitbereich in den z-Bereich übertragen werden. Ein Delay von n Schritten entspricht einer Multiplikation mit z^{-n}:

(2.6) $\qquad\qquad\qquad x \supset X(z) \quad \Leftrightarrow \quad D^n x \supset z^{-n} X(z).$

Wir verwenden die Notation x^* zur Bezeichnung des Zeitinversen des Signals x, das heißt, $x_k^* = x_{-k}$, und wir haben

(2.7) $\qquad\qquad\qquad x \supset X(z) \quad \Leftrightarrow \quad x^* \supset X(z^{-1}).$

Die Nützlichkeit der z-Transformation geht im Großen und Ganzen aus dem *Faltungssatz* hervor. Dieser Satz besagt, daß die Faltung im Zeitbereich einer einfachen Multiplikation im z-Bereich entspricht.

Satz 2.1. *(Faltungssatz)*

(2.8) $\qquad\qquad\qquad y = h * x \quad \Leftrightarrow \quad Y(z) = H(z) X(z).$

$\qquad\qquad\qquad\qquad\qquad\qquad\qquad\qquad\qquad\qquad\qquad\qquad\qquad\qquad$ □

Die Transformierte $H(z)$ der Impulsantwort des Filters heißt *Übertragungsfunktion* des Filters. Das bedeutet, daß wir die Ausgabe eines LTI-Filters durch eine einfache Multiplikation im z-Bereich berechnen können. Diese Vorgehensweise ist oft leichter als eine direkte Berechnung der Faltung. Zur Invertierung der z-Transformation verwendet man üblicherweise Tabellen, Partialbruchentwicklungen und Sätze.

Auch die Korrelation hat eine entsprechende Relation auf der „Transformationsseite":

(2.9) $\qquad\qquad\qquad y = x_1 \star x_2 \quad \Leftrightarrow \quad Y(z) = X_1(z) X_2(z^{-1}).$

Beispiel 2.4. Wir betrachten erneut den Mittelungsfilter aus Beispiel 2.1, der durch $h_0 = h_1 = 1/2$ gegeben ist. Berechnen wir nun die Ausgabe im z-Bereich, dann gehen wir folgendermaßen vor:

$$H(z) = \frac{1}{2} + \frac{1}{2}z^{-1},$$

$$Y(z) = H(z)X(z) = \frac{1}{2}X(z) + \frac{1}{2}z^{-1}X(z)$$

$$\Rightarrow \quad y_k = \frac{1}{2}(x_k + x_{k-1}).$$

Das ist das gleiche Ergebnis, das wir im Zeitbereich erhielten.   □

Übungsaufgaben zu Abschnitt 2.2

Übungsaufgabe 2.3. Verifizieren Sie die Relationen (2.6) und (2.7).

Übungsaufgabe 2.4. Zeigen Sie, daß sich die Korrelation von x und y als Faltung von x und der Zeitumkehr y^* von y schreiben läßt, das heißt, $x * y^* = x \star y$. Beweisen Sie anschließend Relation (2.9).

2.3 Die Fourier-Transformation

Die Fourier-Transformation eines Signals liefert uns den Frequenzinhalt des Signals. Der Frequenzinhalt gibt uns oft wertvolle Informationen über das Signal, die nicht aus dem Zeitbereich hervorgehen, zum Beispiel das Vorhandensein von Schwingungen. In Bezug auf Filter gibt uns die Fourier-Transformation der Impulsantwort Auskunft darüber, auf welche Weise unterschiedliche Frequenzen in einem Signal verstärkt und phasenverschoben werden.

Die *zeitdiskrete Fourier-Transformation* ist folgendermaßen definiert:

$$(2.10) \qquad X(\omega) = \sum_{k=-\infty}^{\infty} x_k e^{-i\omega k}, \quad \omega \in \mathbb{R}.$$

Es folgt, daß $X(\omega)$ 2π-periodisch ist. Man beachte, daß wir – unter Mißbrauch der Notation – ein und denselben Buchstaben X sowohl zur Bezeichnung der Fourier-Transformation als auch zur Bezeichnung der z-Transformation eines Signals x verwenden. Aus dem Zusammenhang und den unterschiedlichen Buchstaben ω und z für das Argument sollte jedoch klar sein, welche Transformation gemeint ist. Zur Gewinnung der Signalwerte aus der Transformation verwenden wir die Umkehrformel

$$(2.11) \qquad x_k = \frac{1}{2\pi} \int_{-\pi}^{\pi} X(\omega)e^{i\omega k}\, d\omega.$$

Die *Parsevalsche Formel* gibt uns Auskunft darüber, daß die Fourier-Transformation die Energie im folgenden Sinn erhält:

(2.12)
$$\sum_k |x_k|^2 = \frac{1}{2\pi} \int_{-\pi}^{\pi} |X(\omega)|^2 \, d\omega$$

oder allgemeiner

(2.13)
$$\langle x, y \rangle = \sum_k x_k \overline{y_k} = \frac{1}{2\pi} \int_{-\pi}^{\pi} X(\omega) \overline{Y(\omega)} \, d\omega.$$

Aus den Definitionen der Fourier-Transformation und der z-Transformation ist ersichtlich, daß wir die Fourier-Transformation $X(\omega)$ aus der z-Transformation $X(z)$ durch die Substitution $z = e^{i\omega}$ erhalten. Der Faltungssatz für die z-Transformation liefert uns deswegen einen entsprechenden Satz für den Frequenzbereich.

(2.14)
$$y = h * x \quad \Leftrightarrow \quad Y(\omega) = H(\omega)X(\omega).$$

Die Fourier-Transformation $H(\omega)$ der Impulsantwort eines LTI-Filters heißt *Frequenzantwort* des Filters. Eine interessante Eigenschaft von LTI-Filtern ist, daß eine reine Frequenzeingabe auch eine reine Frequenzausgabe erzeugt, aber mit einer unterschiedlichen Amplitude und Phase. Wir wollen uns ansehen, warum das so ist. Hat man für die Eingabe $x_k = e^{i\omega k}$, wobei $|\omega| \leq \pi$, dann ist die Ausgabe y wie folgt gegeben:

$$y_k = \sum_n h_n x_{k-n} = \sum_n h_n e^{i\omega(k-n)}$$
$$= e^{i\omega k} \sum_n h_n e^{-i\omega n} = e^{i\omega k} H(\omega).$$

Schreibt man die komplexe Zahl $H(\omega)$ in der Polarform $H(\omega) = |H(\omega)| e^{i\phi(\omega)}$, dann ergibt sich

$$y_k = |H(\omega)| e^{i(\omega k + \phi(\omega))}.$$

Demnach ist auch die Ausgabe eine reine Frequenz, aber mit der Amplitude $|H(\omega)|$ und einer Phasenverschiebung von $-\phi(\omega)$. Anhand der graphischen Darstellung der *Betragsantwort* $|H(\omega)|$ und der *Phasenfunktion* $\phi(\omega)$ für $|\omega| \leq \pi$ sehen wir, wie der Filter unterschiedliche Frequenzkomponenten des Signals beeinflußt. Das ist der Grund dafür, daß hauptsächlich die Bezeichnung Filter verwendet wird: gewisse Frequenzkomponenten des Eingabesignals werden herausgefiltert. Ein Filter mit einer Betragsantwort, die konstant gleich Eins ist, d.h. $|H(\omega)| = 1$, heißt deswegen *Allpaßfilter* – sämtliche Frequenzkomponenten des Eingabesignals bleiben in Bezug auf die Größe (nicht aber in Bezug auf die Phase) unbeeinflußt.

Beispiel 2.5. Für den Mittelungsfilter (oder Tiefpaßfilter) $h_0 = h_1 = 1/2$ haben wir

$$H(\omega) = \frac{1}{2}(1 + e^{-i\omega}) = e^{-i\omega/2}(e^{i\omega/2} + e^{-i\omega/2})/2$$
$$= e^{-i\omega/2} \cos(\omega/2).$$

Hieraus erkennen wir, daß $|H(\omega)| = \cos(\omega/2)$ für $|\omega| < \pi$. Auf der linken Seite von Abb. 2.2 ist die Betragsantwort dargestellt. Wir sehen, daß hohe Frequenzen, die in der Nähe von $\omega = \pi$ liegen, mit einem Faktor nahe Null multipliziert werden, und niedrige Frequenzen, die in der Nähe von $\omega = 0$ liegen, mit einem Faktor nahe Eins multipliziert werden. Für den Differenzfilter (oder Hochpaßfilter)

$$g_k = \begin{cases} 1/2 & \text{für } k = 0, \\ -1/2 & \text{für } k = 1, \\ 0 & \text{andernfalls}, \end{cases}$$

haben wir $G(\omega) = (1 - e^{-i\omega})/2$. Die Betragsantwort ist auf der rechten Seite von Abb. 2.2 dargestellt. Diese beiden Filter sind die einfachsten Beispiele für Tiefpaß- bzw. Hochpaßfilter. □

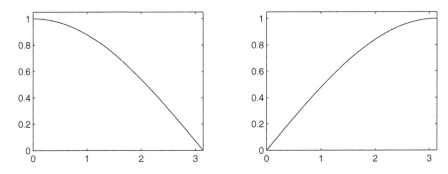

Abb. 2.2. Die Betragsantwort eines Tiefpaß- und eines Hochpaßfilters

Beispiel 2.6. Ein idealer Tiefpaßfilter unterdrückt die Frequenzen über dem Cut-off bei $\omega = \pi/2$ vollständig, und die Frequenzen unter diesem Cut-off gehen unbeeinflußt hindurch. Dieser Filter ist durch die folgende Frequenzantwortfunktion definiert:

$$H(\omega) = \begin{cases} 1, & |\omega| < \pi/2, \\ 0, & \pi/2 < |\omega| < \pi. \end{cases}$$

Aus der Umkehrformel (2.11) folgt, daß die Filterkoeffizienten Samples einer sinc-Funktion sind:

$$(2.15) \qquad h_k = \frac{1}{2}\,\text{sinc}(k/2) = \frac{1}{2} \cdot \frac{\sin(\pi k/2)}{\pi k/2}.$$

□

Übungsaufgaben zu Abschnitt 2.3

Übungsaufgabe 2.5. Zeigen Sie zuerst, daß die Filterkoeffizienten eines idealen Tiefpaßfilters durch (2.15) gegeben sind. Berechnen Sie anschließend die Filterkoeffizienten (g_k) des idealen Hochpaßfilters

$$G(\omega) = \begin{cases} 0, & |\omega| < \pi/2, \\ 1, & \pi/2 < |\omega| < \pi. \end{cases}$$

2.4 Linearer Phasengang und Symmetrie

Ein Filter hat einen *linearen Phasengang* (lineare Phase), falls seine Phasenfunktion $\phi(\omega)$ eine lineare Funktion ist. Allgemeiner sagt man, daß ein Filter einen linearen Phasengang hat, falls die Phasenfunktion eine stückweise lineare Funktion mit konstantem Anstieg ist. Die Unstetigkeitspunkte eines Filters mit linearem Phasengang befinden sich an den Stellen, an denen $H(\omega) = 0$.

Die lineare Phase ist eine wichtige Eigenschaft für viele Anwendungen, zum Beispiel in der Sprach- und Tonverarbeitung, denn ein Filter mit linearer Phase verschiebt unterschiedliche Frequenzkomponenten um den gleichen Betrag. Später werden wir auch sehen, auf welche Weise eine lineare Phase in einer Filterbank symmetrischen (und nichtorthogonalen) Wavelets entspricht.

Beispiel 2.7. Aus Beispiel 2.5 ist ersichtlich, daß die Phase des Tiefpaßfilters $h_0 = h_1 = 1/2$ durch

$$\phi(\omega) = -\omega/2, \quad |\omega| < \pi$$

gegeben ist. Das ist ein Beispiel für einen Filter mit linearer Phase. □

Sind die Filterkoeffizienten eines Filters H symmetrisch um Null angeordnet, so daß $h_k = h_{-k}$, dann ist die Frequenzantwort reellwertig und gerade:

$$\begin{aligned} H(\omega) &= h_0 + h_1(e^{i\omega} + e^{-i\omega}) + h_2(e^{i2\omega} + e^{-i2\omega}) + \cdots \\ &= h_0 + 2h_1 \cos\omega + 2h_2 \cos 2\omega + \cdots. \end{aligned}$$

Der Filter hat dann eine Nullphase: $\phi(\omega) = 0$. Ein Filter, der in Bezug auf Null antisymmetrisch angeordnet ist, hat eine imaginäre und ungerade Frequenzantwortfunktion mit der Phase $\pi/2$ oder $-\pi/2$. Ist $h_k = -h_{-k}$, dann haben wir $h_0 = 0$ und

$$\begin{aligned} H(\omega) &= h_1(-e^{i\omega} + e^{-i\omega}) + h_2(-e^{i2\omega} + e^{-i2\omega}) + \cdots \\ &= -2i(h_1 \sin\omega + h_2 \sin 2\omega + \cdots). \end{aligned}$$

Man beachte, daß das Vorzeichen des Faktors $(h_1 \sin\omega + h_2 \sin 2\omega + \cdots)$ bestimmt, ob die Phase $\pi/2$ oder $-\pi/2$ ist, und daß dieser Sachverhalt von der Frequenz ω abhängt. $(-2i = 2e^{-i\pi/2}.)$

Ein kausaler Filter kann keine Nullphase oder konstante Phase haben (das folgt aus der Theorie der komplexen Funktionen). Demgegenüber kann ein kausaler Filter symmetrisch oder antisymmetrisch sein, aber nicht in Bezug auf Null. Kausale Filter haben eine lineare Phase, wenn sie symmetrisch bzw. antisymmetrisch sind: $h_k = h_{N-k}$ bzw. $h_k = -h_{N-k}$. Hier wurde vorausgesetzt, daß wir einen FIR-Filter mit von Null verschiedenen Koeffizienten $h_0, h_1, \ldots, h_N$ haben. Wir haben dann einen Faktor $e^{-iN\omega/2}$ in $H(\omega)$ und sehen den linearen Term $-N\omega/2$ in der Phase.

Beispiel 2.8. Der FIR-Filter mit den von Null verschiedenen Koeffizienten $h_0 = h_2 = 1/2$ und $h_1 = 1$ ist symmetrisch und

$$
\begin{aligned}
H(\omega) &= \frac{1}{2} + e^{-i\omega} + \frac{1}{2}e^{-i2\omega} \\
&= e^{-i\omega}(1 + \cos\omega).
\end{aligned}
$$

Der Filter hat eine lineare Phase, $\phi(\omega) = -\omega$, da $1 + \cos\omega \geq 0$ für alle ω. □

Wir erinnern daran, daß die Frequenzantworten von symmetrischen bzw. antisymmetrischen Filtern gerade bzw. ungerade sind, das heißt, $H(\omega) = \pm H(-\omega)$. Für die z-Transformation bedeutet dies, daß

$$
H(z) = \pm H(z^{-1}).
$$

Schlußfolgerung: Für symmetrische und antisymmetrische Filter treten die Nullstellen von $H(z)$ paarweise entsprechend dem Muster z_i und z_i^{-1} auf. Wenn wir in diesem Buch an späterer Stelle Wavelets konstruieren, werden wir sehen, daß symmetrische Wavelets symmetrischen Filtern in einer Filterbank entsprechen.

Die *Gruppenlaufzeit* (group delay) eines Filters ist als

$$
\tau(\omega) = -\frac{d\phi}{d\omega}
$$

definiert, wobei $\phi(\omega)$ die Phase des Filters ist. Die Gruppenlaufzeit mißt den Delay bei der Frequenz ω.

Beispiel 2.9. Wir nehmen an, daß die Eingabe x des Filters mit linearer Phase von Beispiel 2.8 gleich der Summe von zwei reinen Frequenzen $x_k = e^{i\omega_1 k} + e^{i\omega_2 k}$ ist. Wegen $\phi(\omega) = -\omega$ ist dann die Gruppenlaufzeit $\tau(\omega) = 1$ und für die Ausgabe y gilt

$$
\begin{aligned}
y_k &= H(\omega_1)e^{i\omega_1 k} + H(\omega_2)e^{i\omega_2 k} \\
&= |H(\omega_1)|\, e^{-i\omega_1} e^{i\omega_1 k} + |H(\omega_2)|\, e^{-i\omega_2} e^{i\omega_2 k} \\
&= |H(\omega_1)|\, e^{i\omega_1(k-1)} + |H(\omega_2)|\, e^{i\omega_2(k-1)}.
\end{aligned}
$$

Wir sehen, daß die beiden Schwingungen um jeweils einen Schritt verschoben werden. □

Ist die Gruppenlaufzeit konstant, dann werden unterschiedliche Frequenzen um den gleichen Betrag verschoben. Der Filter hat dann notwendigerweise eine lineare Phase.

Übungsaufgaben zu Abschnitt 2.4

Übungsaufgabe 2.6. Zeigen Sie, daß sich die Frequenzantwort des Hochpaßfilters $g_0 = 1/2$ und $g_1 = -1/2$ in der Form

$$G(\omega) = ie^{-i\omega/2}\sin(\omega/2)$$

schreiben läßt. Berechnen Sie anschließend den Betrag und die Phase von $G(\omega)$ und stellen Sie diese graphisch dar. Beachten Sie, daß der Faktor $\sin(\omega/2)$ nicht für alle $|\omega| < \pi$ positiv ist.

2.5 Vektorräume

Uns interessieren die Vektorräume $\mathbb{R}^n$ und $\mathbb{C}^n$. Diese sind n-dimensionale Vektorräume über den reellen Zahlen bzw. über den komplexen Zahlen. Ein Vektor $x \in \mathbb{R}^n$ oder $\mathbb{C}^n$ wird als ein Spaltenvektor von n Zahlen dargestellt: $x = (x_1, \ldots, x_n)^{\mathrm{T}}$. Das *Skalarprodukt* (innere Produkt) zweier Vektoren x und y ist definiert als

$$(2.16) \qquad \langle x, y \rangle = x_1 \overline{y_1} + \cdots + x_n \overline{y_n}$$

und die Vektoren sind *orthogonal*, falls $\langle x, y \rangle = 0$.

Die Vektoren $\varphi^{(1)}, \ldots, \varphi^{(n)}$ bilden eine *Basis* von $\mathbb{R}^n$ (oder $\mathbb{C}^n$), falls sich jeder Vektor $x \in \mathbb{R}^n$ (oder $\in \mathbb{C}^n$) eindeutig in der Form

$$x = a_1 \varphi^{(1)} + \cdots + a_n \varphi^{(n)}$$

schreiben läßt. Die Zahlen $a_1, \ldots, a_n$ sind die *Koordinaten* von x in Bezug auf die Basis $\varphi^{(1)}, \ldots, \varphi^{(n)}$. Eine Basis ist *orthonormal*, falls

$$(2.17) \qquad \langle \varphi^{(j)}, \varphi^{(k)} \rangle = \begin{cases} 1, & j = k, \\ 0, & j \neq k. \end{cases}$$

Für eine orthonormale Basis sind die Koordinaten $a_k = \langle x, \varphi^{(k)} \rangle$ und man hat die Darstellung

$$x = \langle x, \varphi^{(1)} \rangle \varphi^{(1)} + \cdots + \langle x, \varphi^{(n)} \rangle \varphi^{(n)}.$$

Die *natürliche* Basis von $\mathbb{R}^n$ ist orthonormal und wird durch die folgenden Basisvektoren gegeben:

$$\delta_k^{(j)} = \begin{cases} 1, & k = j, \\ 0, & k \neq j. \end{cases}$$

Die Koordinaten eines Vektors x in Bezug auf diese Basis sind $x_1, \ldots, x_n$. Haben zwei Vektoren x und y die Koordinaten $a_1, \ldots, a_n$ bzw. $b_1, \ldots, b_n$ in Bezug auf die orthonormale Basis $\varphi^{(1)}, \ldots, \varphi^{(n)}$, dann läßt sich das Skalarprodukt dieser beiden Vektoren wie folgt berechnen:

$$(2.18) \qquad \langle x, y \rangle = a_1 \overline{b_1} + \cdots + a_n \overline{b_n}.$$

Beispiel 2.10. In $\mathbb{R}^2$ sind die beiden Vektoren $\delta^{(1)} = (1,0)^{\mathrm{T}}$ und $\delta^{(2)} = (0,1)^{\mathrm{T}}$ die natürliche Basis. Eine andere orthonormale Basis von $\mathbb{R}^2$ ist die um 45 Grad entgegen dem Uhrzeigersinn gedrehte natürliche Basis. Die gedrehte Basis hat die Basisvektoren

$$\varphi^{(1)} = \frac{1}{\sqrt{2}} \begin{bmatrix} 1 \\ 1 \end{bmatrix} \quad \text{und} \quad \varphi^{(2)} = \frac{1}{\sqrt{2}} \begin{bmatrix} -1 \\ 1 \end{bmatrix}.$$

□

Aus der linearen Algebra wissen wir, daß die Koordinatentransformation eines Vektors bezüglich zweier orthonormaler Basen durch eine orthogonale Matrix dargestellt wird. Um das zu sehen, nehmen wir an, daß der Vektor $x \in \mathbb{R}^n$ die Koordinaten $a = (a_1, \ldots, a_n)^{\mathrm{T}}$ und $\tilde{a} = (\tilde{a}_1, \ldots, \tilde{a}_n)^{\mathrm{T}}$ in Bezug auf die beiden Basen $\varphi^{(1)}, \ldots, \varphi^{(n)}$ bzw. $\tilde{\varphi}^{(1)}, \ldots, \tilde{\varphi}^{(n)}$ hat. Dann können wir x auf die folgenden beiden Weisen darstellen:

$$x = a_1 \varphi^{(1)} + \cdots + a_n \varphi^{(n)} = \tilde{a}_1 \tilde{\varphi}^{(1)} + \cdots + \tilde{a}_n \tilde{\varphi}^{(n)}.$$

Bilden wir das Skalarprodukt der beiden Seiten dieser Gleichung mit dem Basisvektor $\varphi^{(j)}$, dann erhalten wir einen Ausdruck für die Koordinate a_j:

$$a_j = \sum_{k=1}^{n} \tilde{a}_k \langle \tilde{\varphi}^{(k)}, \varphi^{(j)} \rangle \quad \Leftrightarrow \quad a = P\tilde{a}.$$

Die Äquivalenz folgt aus der Definition der Matrizenmultiplikation und die Matrix P hat die Elemente $P_{jk} = \langle \tilde{\varphi}^{(k)}, \varphi^{(j)} \rangle$. Die Matrix P ist orthogonal, denn $PP^{\mathrm{T}} = P^{\mathrm{T}}P = I$. Für einen Vektor $x \in \mathbb{C}^n$ gilt die obige Aussage ebenfalls, aber die Matrix P ist hermitesch, das heißt, $PP^* = P^*P = I$. Hier bezeichnet P^* die adjungierte Matrix, also die komplex konjugierte Transponierte von P, das heißt, $P_{jk}^* = \overline{P}_{kj}$. Man beachte, daß für eine hermitesche oder orthogonale Matrix folgendes gilt:

$$\langle x, Py \rangle = \langle P^*x, y \rangle \quad \text{für alle } x, y \in \mathbb{C}^n.$$

Beispiel 2.11. Wir wollen uns ansehen, wie man die Koordinaten eines Vektors $x \in \mathbb{R}^2$ vom natürlichen Koordinatensystem in das in Beispiel 2.10 gegebene Koordinatensystem transformiert. Zuerst schreiben wir x in der Form

$$x = a_1 \varphi^{(1)} + a_2 \varphi^{(2)} = x_1 \delta^{(1)} + x_2 \delta^{(2)}$$

und dann berechnen wir die Elemente von P,

$$P_{ij} = \langle \delta^{(j)}, \varphi^{(i)} \rangle = \varphi_j^{(i)},$$

um die Transformationsmatrix zu bekommen:

$$a = Px \quad \Leftrightarrow \quad \begin{bmatrix} a_1 \\ a_2 \end{bmatrix} = \frac{1}{\sqrt{2}} \begin{bmatrix} 1 & 1 \\ -1 & 1 \end{bmatrix} \begin{bmatrix} x_1 \\ x_2 \end{bmatrix}.$$

Man beachte, daß es sehr leicht ist, die Transformation von a zu x zu finden (da P orthogonal ist): $x = P^{-1}a = P^{\mathsf{T}}a$. $\square$

Eine sehr interessante und nützliche Transformation auf $\mathbb{C}^n$ ist die *diskrete Fourier-Transformation*. Für $x \in \mathbb{C}^n$ ist die Transformation $X \in \mathbb{C}^n$ durch

$$X_j = \frac{1}{n} \sum_{k=0}^{n-1} x_k W^{-jk} \quad \text{mit } W = e^{i2\pi/n}$$

definiert. Um diese Transformation orthogonal zu machen, sollten wir eigentlich $1/n$ durch $1/\sqrt{n}$ ersetzen; üblicherweise verwendet man jedoch die von uns gegebene Definition. Wir erhalten x aus X durch die Umkehrformel

$$x_k = \sum_{j=0}^{n-1} X_j W^{jk}.$$

2.6 Zweidimensionale Signalverarbeitung

Wir verallgemeinern nun einige der vorhergehenden Definitionen und Ergebnisse auf zwei Dimensionen. Zum Beispiel werden wir die zweidimensionale diskrete Fourier-Transformation definieren.

In der Bildverarbeitung ist es natürlich, mit gesampelten Funktionen zweier Veränderlicher zu arbeiten. Diese Funktionen sind auf dem ganzzahligen Gitter

$$\mathbb{Z}^2 := \{(k_x \ k_y)^{\mathsf{T}} : k_x, k_y \in \mathbb{Z}\}$$

definiert. Das ganzzahlige Gitter $\mathbb{Z}^2$ kann als Unterraum von $\mathbb{R}^2$ mit ganzzahligen Elementen angesehen werden und ein Element $k \in \mathbb{Z}^2$ wird mitunter als Multi-Index bezeichnet. Ein Grauwertskalenbild läßt sich als Funktion $f : \mathbb{Z}^2 \to \mathbb{R}$ darstellen[4]. Ferner schreiben wir f_k anstelle von $f(k)$ für die Werte von f.

---

[4] Natürlich ist ein $N \times N$ Bild nur in einem endlichen Bereich $0 \le k_x, k_y < N$ von Null verschieden.

Ein zweidimensionaler Filter H ist ein Operator, der eine Eingabefunktion f auf eine Ausgabefunktion g abbildet. Linearität ist für zweidimensionale Filter genauso definiert wie in einer Dimension. Der Verschiebungsoperator (shift operator) S^n mit $n = (n_x \, n_y)^{\mathrm{T}} \in \mathbb{Z}^2$ ist durch

$$g = S^n f \quad \Leftrightarrow \quad g_k = f_{k-n} \quad \text{für alle } k \in \mathbb{Z}^2$$

definiert. Bei einem (in Bezug auf S) verschiebungsinvarianten Filter hat man

$$H(S^n f) = S^n(Hf) \quad \text{für alle } n \in \mathbb{Z}^2$$

und für alle Funktionen f.

Wir nehmen an, daß H ein linearer und (in Bezug auf S) verschiebungsinvarianter Filter ist. Es sei h die Ausgabe, wenn die Eingabe ein zweidimensionaler Einheitsimpuls ist:

$$\delta_k = \begin{cases} 1 & \text{für } k = (0 \ 0)^{\mathrm{T}}, \\ 0 & \text{andernfalls,} \end{cases}$$

das heißt, $h = H\delta$. Ebenso wie bei Signalen können wir nun die Ausgabe $g = Hf$ als Faltung (in zwei Dimensionen) schreiben:

$$g = \sum_{n \in \mathbb{Z}^2} f_n S^n h =: h * f.$$

Die zweidimensionale diskrete Fourier-Transformation ist definiert als

$$F(\xi, \eta) = \sum_{k \in \mathbb{Z}^2} f_k e^{-i(\xi k_x + \eta k_y)}, \quad \xi, \eta \in \mathbb{R},$$

und es gilt der 2-D Faltungssatz:

$$g = h * f \quad \Leftrightarrow \quad G(\xi, \eta) = H(\xi, \eta) F(\xi, \eta).$$

Eine weitere Diskussion zweidimensionaler Filter findet man in Kapitel 5 („Wavelets in höheren Dimensionen").

2.7 Sampling

Wir erläutern hier kurz die mathematischen Grundlagen des Ersetzens einer Funktion durch die Sample-Werte, die sie beispielsweise an den ganzzahligen Stellen annimmt. Das fundamentale Resultat ist die Poissonsche Summationsformel.

Für ein zeitstetiges Signal $f(t)$ definieren wir dessen *Fourier-Transformation* als

$$\widehat{f}(\omega) = \int_{-\infty}^{\infty} f(t) e^{-i\omega t} \, dt$$

und die inverse Transformation ist gegeben durch

$$f(t) = \frac{1}{2\pi} \int_{-\infty}^{\infty} \widehat{f}(\omega)e^{i\omega t} \, d\omega.$$

Satz 2.2 (Poissonsche Summationsformel). *Es sei vorausgesetzt, daß die Funktion f und ihre Fourier-Transformierte beide stetig sind und (der Einfachheit halber) im Unendlichen quadratisch abklingen. Dann gilt*

$$(2.19) \qquad \sum_{k} \widehat{f}(\omega - 2k\pi) = \sum_{l} f(l)e^{-il\omega}$$

Der Beweis ist Übungsaufgabe 2.8. □

Wurde nun die Funktion f mit einer Cut-off-Frequenz π tiefpaßgefiltert, das heißt, $\widehat{f}(\omega) = 0$ für $|\omega| \geq \pi$, dann gilt im Paßband $|\omega| < \pi$

$$\widehat{f}(\omega) = \sum_{l} f(l)e^{-il\omega}.$$

Hier haben wir eine vollständige Information über die Fourier-Transformation $\widehat{f}(\omega)$, ausgedrückt durch die Sample-Werte $f(l)$. Unter Anwendung der inversen Fourier-Transformation erhalten wir demnach eine Formel, das sogenannte *Sampling-Theorem*, das die Funktion aus ihren Sample-Werten rekonstruiert:

$$f(t) = 1/(2\pi) \int_{-\pi}^{\pi} \sum_{l} f(l)e^{-il\omega}e^{i\omega t} \, d\omega$$

$$= \sum_{l} f(l) \sin \pi(t - l)/(\pi(t - l)).$$

Ist die Bedingung $\widehat{f}(\omega) = 0$ for $|\omega| \geq \pi$ verletzt, dann erfolgt eine Interferenz (*Alias-Effekte*) von benachbarten Termen in (2.19) und $\widehat{f}(\omega)$ läßt sich im Allgemeinen nicht aus den Sample-Werten rekonstruieren, die an den ganzzahligen Stellen gegeben sind.

Übungsaufgaben zu Abschnitt 2.7

Übungsaufgabe 2.7. Betrachten Sie die Funktion $f(t) = \sin \pi t$. Was geschieht, wenn diese Funktion bei den ganzen Zahlen gesampelt wird? Vergleichen Sie das mit den Bedingungen im Sampling-Theorem.

Übungsaufgabe 2.8. Beweisen Sie die Poissonsche Summationsformel (2.19). Beachten Sie dabei, daß die linke Seite die Periode 2π hat, und daß die rechte Seite eine Fourier-Reihe mit derselben Periode ist.

Übungsaufgabe 2.9. Stellen Sie die Poissonsche Summationsformel (2.19) dar, wenn die Funktion $f(t)$ an den Punkten $t = 2^{-J}k$ gesampelt wird. Welchen Wert sollte die maximale Cut-off-Frequenz in diesem Fall haben? ($\omega = 2^{J}\pi$)

3

Filterbänke

Die Untersuchung von Filterbänken bei der Signalverarbeitung war einer der Wege, die zu den Wavelets führten. Auf dem Gebiet der Signalverarbeitung hat man lange Zeit hindurch unterschiedliche Systeme von Basisfunktionen entwickelt, um Signale darzustellen. Bei vielen Anwendungen ist es wünschenswert, Basisfunktionen zu haben, die im Zeitbereich *und* im Frequenzbereich gut lokalisiert sind. Aus rechentechnischen Gründen sollten diese Funktionen auch eine einfache Struktur haben und schnelle Berechnungen gestatten. Wavelets erfüllen alle diese Kriterien.

Die schnelle Berechnung und Darstellung von Funktionen in Wavelet-Basen hängt eng mit Filterbänken zusammen. Tatsächlich wird die sogenannte schnelle Wavelet-Transformation in Form einer wiederholten Anwendung der Tiefpaß- und Hochpaßfilter in einer Filterbank ausgeführt. Filterbänke operieren in diskreter Zeit und Wavelets in stetiger Zeit. Wir diskutieren Wavelets im nächsten Kapitel.

3.1 Zeitdiskrete Basen

Wir möchten die Elemente der endlichdimensionalen linearen Algebra (vgl. Abschnitt 2.5) auf unendlichdimensionale Signale übertragen. Eine grundlegende Frage besteht darin, ob eine Folge $(\varphi^{(n)})_{n=-\infty}^{\infty}$ von Signalen eine (Schauder-) *Basis* ist, das heißt, ob sich alle Signale x eindeutig in der Form

$$(3.1) \qquad x = \sum_n c_n \varphi^{(n)}$$

für gewisse Zahlen (c_n) schreiben lassen.

Wir stehen hier einem Problem gegenüber, das es im endlichdimensionalen Fall gar nicht gibt. Die Reihenentwicklung hat eine unendliche Anzahl von Gliedern und diese Reihe muß konvergieren. Wie sich herausstellt, können wir keine Basis für alle Signale finden, und wir beschränken uns hier auf die

Signale mit endlicher Energie. Auf diesen Fall können wir alle Konzepte für endlichdimensionale Vektorräume in ziemlich unkomplizierter Weise übertragen.

Konvergenz und Vollständigkeit

Zur Diskussion der Konvergenz benötigen wir ein Maß für die Stärke eines Signals. Die Norm eines Signals liefert uns ein solches Maß. Genau wie in endlichen Dimensionen gibt es verschiedene Normen, von denen wir nur die *Energienorm* verwenden, die folgendermaßen definiert ist:

$$\|x\| = \left(\sum_k |x_k|^2 \right)^{1/2}.$$

Ein mit einer Norm versehener Vektorraum heißt *normierter Raum*. Man sagt, daß eine Folge $(x^{(n)})_{n=1}^{\infty}$ von Signalen (in Bezug auf die Energienorm) gegen x *konvergiert*, falls

$$\left\| x^{(n)} - x \right\| \to 0 \quad \text{für } n \to \infty.$$

Dementsprechend bedeutet die Gleichheit in (3.1), daß die Folge

$$s^{(N)} = \sum_{n=-N}^{N} c_n \varphi^{(n)}$$

der Teilsummen konvergiert und den Grenzwert x hat, das heißt, $\left\| s^{(N)} - x \right\| \to 0$ für $N \to \infty$.

Anmerkung 3.1. Bei der Definition der Konvergenz hatten wir vorausgesetzt, daß wir einen Kandidaten für den Grenzwert der Folge haben. Es wäre praktisch, eine Konvergenzdefinition oder einen Konvergenztest derart zu haben, daß die Definition bzw. der Test den Grenzwert nicht explizit enthält. Eine fundamentale Eigenschaft der reellen und der komplexen Zahlen besteht darin, daß eine Zahlenfolge dann und nur dann konvergent ist, wenn sie eine Cauchy-Folge ist. In einem allgemeinen normierten Raum ist eine Folge $(x^{(n)})_{n=1}^{\infty}$ eine *Cauchy-Folge*, wenn es zu jedem $\epsilon > 0$ ein N derart gibt, daß

$$\left\| x^{(n)} - x^{(m)} \right\| < \epsilon \quad \text{für alle } n, m > N.$$

„Umgangssprachlich" formuliert ist eine Cauchy-Folge eine Folge, deren Vektoren immer näher beieinander liegen, oder eine Folge, die „versucht", zu konvergieren. In einem allgemeinen normierten Raum müssen nicht alle Cauchy-Folgen konvergieren. Ein Beispiel ist $\mathbb{Q}$, die Menge der rationalen Zahlen. Ein normierter Raum, in dem alle Cauchy-Folgen konvergieren, heißt *Banachraum* oder *vollständiger* normierter Raum. Die endlichdimensionalen Vektorräume $\mathbb{R}^n$ und $\mathbb{C}^n$ sind vollständig. Der Raum aller Signale mit endlicher Energie,

$$\ell^2(\mathbb{Z}) = \{x : \mathbb{Z} \to \mathbb{C} \mid \|x\| < \infty\},$$

ist ebenfalls vollständig. In diesem Kapitel setzen wir voraus, daß alle Signale in diesem Raum enthalten sind. □

Hilberträume und orthonormale Basen

Genau wie in endlichen Dimensionen erweist es sich als praktisch, mit orthogonalen Basen zu arbeiten. Zur Diskussion der Orthogonalität müssen wir unserem Raum $\ell^2(\mathbb{Z})$ eine weitere Struktur „auferlegen", indem wir ein inneres Produkt (Skalarprodukt) zweier Vektoren definieren. Das *innere Produkt* zweier Signale x und y ist in $\ell^2(\mathbb{Z})$ folgendermaßen definiert:

$$\langle x, y \rangle = \sum_k x_k \overline{y_k}.$$

Die Konvergenz dieser unendlichen Summe folgt aus der *Cauchy-Schwarzschen Ungleichung*:

$$|\langle x, y \rangle| \leq \|x\| \, \|y\|.$$

Man beachte, daß sich die Norm von $x \in \ell^2(\mathbb{Z})$ als

$$\|x\|^2 = \langle x, x \rangle$$

schreiben läßt. Ein vollständiger Raum mit einem inneren Produkt heißt *Hilbertraum*. Wir hatten uns bis jetzt nur die speziellen Hilberträume $\mathbb{R}^n$, $\mathbb{C}^n$ und $\ell^2(\mathbb{Z})$ angesehen, aber in den nachfolgenden Kapiteln über Wavelets arbeiten wir auch mit dem Raum $L^2(\mathbb{R})$ aller zeitstetigen Signale mit endlicher Energie.

Nun haben wir alle erforderlichen Werkzeuge, um Orthonormalbasen für unsere Signale zu definieren. Zunächst rufen wir uns die Definition (3.1) der Basis in Erinnerung. Eine Basis $(\varphi^{(n)})_{n=-\infty}^{\infty}$ ist *orthonormal*, falls

$$\langle \varphi^{(j)}, \varphi^{(k)} \rangle = \begin{cases} 1, & j = k, \\ 0, & j \neq k. \end{cases}$$

Für eine Orthonormalbasis sind die Koordinaten eines Signals x durch

$$(3.2) \qquad\qquad c_n = \langle x, \varphi^{(n)} \rangle.$$

gegeben. Es folgt, daß sich das Signal in der Form

$$(3.3) \qquad\qquad x = \sum_n \langle x, \varphi^{(n)} \rangle \varphi^{(n)}$$

schreiben läßt. Gleichung (3.2) wird als *Analyse* und Gleichung (3.3) als *Synthese* des Signals x bezeichnet.

3.2 Die zeitdiskrete Haar-Basis

Wie finden wir Basen für unseren Raum $\ell^2(\mathbb{Z})$ und welche Eigenschaften sollten diese Basen haben? Üblicherweise möchte man, daß die Basisfunktionen im Zeitbereich und im Frequenzbereich gut lokalisiert sind. Die Koordinaten eines Signals in der betreffenden Basis liefern dann ein Maß für die Stärke des Signals für verschiedene Zeit- und Frequenzintervalle. Ausgehend von zwei Prototyp-Basisfunktionen und ihren geraden Translaten (Verschiebungen) werden wir Basen konstruieren. Diese Basen sind außerdem durch die Tatsache charakterisiert, daß die Koordinaten in der neuen Basis unter Verwendung einer Filterbank berechnet werden können. Das ist eine weitere wichtige Eigenschaft, denn es bedeutet, daß sich die Koordinatentransformation effizient berechnen läßt.

Die Basisfunktionen

Die zeitdiskrete Haar-Basis ist ein Beispiel für die spezielle Klasse von orthogonalen Basen, die mit Filterbänken zusammenhängen. Diese orthogonalen Basen sind durch die Tatsache charakterisiert, daß sie als die geraden Translate von zwei Prototyp-Basisfunktionen φ und ψ gebildet werden. Für die Haar-Basis sind diese beiden Funktionen wie folgt gegeben:

$$\varphi_k = \begin{cases} 1/\sqrt{2} & \text{für } k = 0, 1, \\ 0 & \text{andernfalls,} \end{cases} \quad \text{und} \quad \psi_k = \begin{cases} 1/\sqrt{2} & \text{für } k = 0, \\ -1/\sqrt{2} & \text{für } k = 1, \\ 0 & \text{andernfalls.} \end{cases}$$

Die Basisfunktionen $(\varphi^{(n)})$ werden nun als die geraden Translate dieser beiden Prototypen gebildet (vgl. Abb. 3.1):

$$\varphi_k^{(2n)} = \varphi_{k-2n} \quad \text{und} \quad \varphi_k^{(2n+1)} = \psi_{k-2n}.$$

Die Koordinaten eines Signals x in dieser neuen Basis sind folglich:

(3.4)
$$y_n^{(0)} := c_{2n} = \langle x, \varphi^{(2n)} \rangle = \frac{1}{\sqrt{2}}(x_{2n} + x_{2n+1}),$$

$$y_n^{(1)} := c_{2n+1} = \langle x, \varphi^{(2n+1)} \rangle = \frac{1}{\sqrt{2}}(x_{2n} - x_{2n+1}).$$

Mit anderen Worten handelt es sich um gewichtete Mittelwerte und Differenzen von paarweise genommenen x-Werten. Eine andere Interpretationsmöglichkeit ist die folgende: Man nimmt paarweise Werte von x und rotiert anschließend das Koordinatensystem in der Ebene ($\mathbb{R}^2$) um 45 Grad gegen den Uhrzeigersinn. Hier haben wir auch die Folgen $y^{(0)}$ und $y^{(1)}$ eingeführt, die aus den geradzahlig bzw. ungeradzahlig indizierten Koordinaten bestehen. Die Basisfunktionen bilden eine orthonormale Basis von $\ell^2(\mathbb{Z})$ und deswegen können wir die Signalwerte folgendermaßen rekonstruieren:

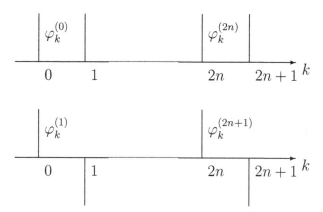

Abb. 3.1. Die zeitdiskrete Haar-Basis

$$
\begin{aligned}
x_k &= \sum_n c_n \varphi_k^{(n)} \\
&= \sum_n y_n^{(0)} \varphi_k^{(2n)} + \sum_n y_n^{(1)} \varphi_k^{(2n+1)} \\
&= \sum_n y_n^{(0)} \varphi_{k-2n} + \sum_n y_n^{(1)} \psi_{k-2n}.
\end{aligned}
$$

(3.5)

Analyse

Wir zeigen nun, wie man eine Filterbank verwenden kann, um die Koordinaten in (3.4) zu berechnen. Definieren wir die Impulsantworten zweier Filter H und G als

$$h_k = \varphi_k \quad \text{und} \quad g_k = \psi_k,$$

und bezeichnen h^* und g^* die Zeitinversen dieser Filter, dann können wir die inneren Produkte in (3.4) als Faltung

$$
\begin{aligned}
y_n^{(0)} &= \sum_k x_k \varphi_k^{(2n)} = \sum_k x_k h_{k-2n} = \sum_k x_k h_{2n-k}^* \\
&= (x * h^*)_{2n}
\end{aligned}
$$

schreiben. Ähnlich erhalten wir $y_n^{(1)} = (x * g^*)_{2n}$.

Die Schlußfolgerung ist, daß wir $y^{(0)}$ und $y^{(1)}$ durch Filtern von x mit H^* bzw. G^* und anschließendes Downsampling der Ausgabe dieser beiden Filter berechnen können (vgl. Abb. 3.2). Das Downsampling eliminiert alle ungeradzahlig indizierten Werte eines Signals und wir definieren den Downsampling-Operator ($\downarrow 2$) als

$$(\downarrow 2)x = (\dots, x_{-2}, x_0, x_2, \dots).$$

Somit haben wir

$$y^{(0)} = (\downarrow 2)H^*x \quad \text{und} \quad y^{(1)} = (\downarrow 2)G^*x.$$

Hier bezeichnen H^* und G^* die Tiefpaß- und Hochpaßfilter mit den Impulsantworten h^* bzw. g^*. Diese beiden Filter sind nichtkausal, denn ihre Impulsantworten sind die Zeitinversen von kausalen Filtern. Das ist nicht notwendigerweise ein Problem bei Anwendungen, bei denen die Filter immer kausal gemacht werden können, indem man sie um eine gewisse Anzahl von Schritten verschiebt; die Ausgabe wird dann um die gleiche Anzahl von Schritten verschoben.

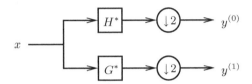

Abb. 3.2. Der Analyse-Teil einer Filterbank

Synthese

Bis jetzt haben wir gesehen, wie man in der Haar-Basis unter Verwendung einer Filterbank ein Signal analysieren oder seine Koordinaten berechnen kann. Nun wollen wir demonstrieren, wie man ein Signal auf der Grundlage der Kenntnis seiner Koordinaten synthetisieren oder rekonstruieren kann. Aus der Definition der Filter H und G und aus der Rekonstruktionsformel (3.5) erhalten wir

$$\begin{aligned}
x_k &= \sum_n y_n^{(0)} \varphi_{k-2n} + \sum_n y_n^{(1)} \psi_{k-2n} \\
&= \sum_n y_n^{(0)} h_{k-2n} + \sum_n y_n^{(1)} g_{k-2n} \\
&= (v^{(0)} * h)_k + (v^{(1)} * g)_k,
\end{aligned}$$

wobei $v^{(0)} = (\uparrow 2)y^{(0)}$ und $v^{(1)} = (\uparrow 2)y^{(1)}$ (vgl. Übungsaufgabe 3.1). Hierbei ist der Upsampling-Operator $(\uparrow 2)$ wie folgt definiert:

$$(\uparrow 2)y = (\ldots, y_{-1}, 0, y_0, 0, y_1, \ldots).$$

Demnach ist das Signal x die Summe zweier Signale:

$$\begin{aligned}
x &= v^{(0)} * h + v^{(1)} * g \\
&= H\left((\uparrow 2)y^{(0)}\right) + G\left((\uparrow 2)y^{(1)}\right) =: x^{(0)} + x^{(1)}.
\end{aligned}$$

Man erhält die Signale $x^{(0)}$ und $x^{(1)}$, indem man zunächst ein Upsampling von $y^{(0)}$ und $y^{(1)}$ ausführt und dann das Ergebnis mit H bzw. G filtert (vgl. Abb. 3.3). Rufen wir uns andererseits die Rekonstruktionsformel (3.5) in Erinnerung, dann können wir x als

$$x = x^{(0)} + x^{(1)}$$
$$= \sum_n \langle x, \varphi^{(2n)}\rangle \varphi^{(2n)} + \sum_n \langle x, \varphi^{(2n+1)}\rangle \varphi^{(2n+1)}$$

schreiben. Das wiederum bedeutet, daß $x^{(0)}$ und $x^{(1)}$ die orthogonalen Projektionen von x auf diejenigen Unterräume sind, die durch die geraden bzw. ungeraden Basisfunktionen aufgespannt werden.

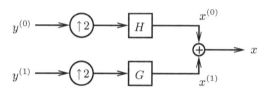

Abb. 3.3. Der Synthese-Teil einer Filterbank

Übungsaufgaben zu Abschnitt 3.2

Übungsaufgabe 3.1. Zeigen Sie, $(v * h)_k = \sum_n y_n h_{k-2n}$, wobei $v = (\uparrow 2)y$. Beachten Sie, daß $v_{2n} = y_n$.

3.3 Die Subsampling-Operatoren

In diesem Abschnitt untersuchen wir den Effekt des Downsampling und des Upsampling auf ein Signal. Insbesondere erhalten wir Formeln, die zeigen, wie sich die z-Transformation und die Fourier-Transformation eines Signals ändern, wenn ein Subsampling auf das Signal angewendet wird.

Downsampling

Der Downsampling-Operator $(\downarrow 2)$ eliminiert alle ungeradzahlig indizierten Werte eines Signals und ist demnach folgendermaßen definiert:

$$(\downarrow 2)x = (\ldots, x_{-2}, x_0, x_2, \ldots).$$

Setzen wir $y = (\downarrow 2)x$, dann haben wir $y_k = x_{2k}$, und im z-Bereich ergibt sich (vgl. Übungsaufgabe 3.2)

(3.6) $$Y(z) = \frac{1}{2} \left[X \left(z^{1/2} \right) + X \left(-z^{1/2} \right) \right].$$

Die entsprechende Relation im Frequenzbereich ist

$$Y(\omega) = \frac{1}{2} \left[X \left(\frac{\omega}{2} \right) + X \left(\frac{\omega}{2} + \pi \right) \right].$$

Aus diesen Relationen ist ersichtlich, daß wir aus dem Term $X(\omega/2 + \pi)$ eine *Alias*-Komponente im Spektrum (Frequenzbereich) von y erhalten. Die Filter vor den Downsampling-Operatoren reduzieren diesen Alias-Effekt, und falls die Filter ideale Tiefpaß- bzw. Hochpaßfilter sind, dann wird die Alias-Komponente sogar vollständig eliminiert.

Upsampling

Der Upsampling-Operator ($\uparrow 2$) fügt zwischen jeden Wert eines Signals eine Null ein:

$$(\uparrow 2)y = (\ldots, y_{-1}, 0, y_0, 0, y_1, \ldots).$$

Setzt man $u = (\uparrow 2)y$, dann läßt sich leicht überprüfen (vgl. Übungsaufgabe 3.2), daß

(3.7) $$U(z) = Y \left(z^2 \right)$$

gilt, und für die Fourier-Transformation ergibt sich

$$U(\omega) = Y(2\omega).$$

Das Spektrum $U(\omega)$ von u ist demnach eine um den Faktor 2 gestreckte Version von $Y(\omega)$. Das führt zum Auftreten eines Bildes in $U(\omega)$. Der Tiefpaßfilter und der Hochpaßfilter reduzieren nach dem Upsampling den Effekt des Bildes, und wenn die Filter ideale Tiefpaß- und Hochpaßfilter sind, dann wird das Bild sogar vollständig eliminiert.

Down- und Upsampling

Kombiniert man die Ergebnisse der vorhergehenden beiden Abschnitte, dann ergibt sich eine Relation zwischen einem Signal x und dem down- und upgesampelten Signal

$$u = (\uparrow 2)(\downarrow 2)x = (\ldots, x_{-2}, 0, x_0, 0, x_2, \ldots).$$

Im z-Bereich haben wir

$$U(z) = \frac{1}{2} \left[X(z) + X(-z) \right],$$

und im Fourier-Bereich gilt

$$U(\omega) = \frac{1}{2} \left[X(\omega) + X(\omega + \pi) \right].$$

Übungsaufgaben zu Abschnitt 3.3

Übungsaufgabe 3.2. Beweisen Sie die Relationen (3.6) und (3.7).

Übungsaufgabe 3.3. Zeigen Sie: Ist $Y(z) = X\left(z^{1/2}\right)$, dann gilt $Y(\omega) = X(\omega/2)$, und ist $U(z) = Y\left(z^2\right)$, dann gilt $U(\omega) = Y(2\omega)$.

Übungsaufgabe 3.4. Es sei vorausgesetzt, daß der Filter H die Übertragungsfunktion $H(z)$ hat. Beweisen Sie, daß das Zeitinverse H^* des Filters die Übertragungsfunktion $H^*(z) = H\left(z^{-1}\right)$ hat.

Übungsaufgabe 3.5. Betrachten Sie ein Signal x mit einer 2π-periodischen Fourier-Transformation $X(\omega)$. Stellen Sie $X(\omega)$, $X(\omega/2)$ und $X(\omega/2+\pi)$ graphisch dar, um sich deutlich zu machen, wie die Alias-Komponente im downgesampelten Signal $y = (\downarrow 2)x$ in Erscheinung tritt.

Analog betrachte man ein Signal y und stelle $Y(\omega)$ und $U(\omega) = Y(2\omega)$ graphisch dar, um sich das Auftreten des Bildes im Spektrum von $u = (\uparrow 2)y$ zu verdeutlichen.

3.4 Perfekte Rekonstruktion

Oben hatten wir die Haar-Basis untersucht, die ein Beispiel für einen speziellen Typ von zeitdiskreten Basen ist. Diese Basen sind durch die Tatsache charakterisiert, daß sie als die geraden Translate von zwei Prototyp-Basisfunktionen gebildet werden. Wir hatten gesehen, wie man durch Tiefpaß- und Hochpaßfilter sowie anschließendes Downsampling im Analyse-Teil einer Filterbank die Koordinaten des Signals in der neuen Basis erhält. In ähnlicher Weise lieferten uns das Upsampling sowie anschließende Tiefpaß- und Hochpaßfilter die Darstellung des Signals in der neuen Basis.

Eine Filterbank besteht aus einem Analyse- und einem Synthese-Teil, so wie in Abb. 3.4 dargestellt. Das Ziel besteht darin, für den Tiefpaß- und den Hochpaßfilter Bedingungen dafür zu finden, daß die Ausgabe $\hat{x}$ gleich der Eingabe x ist. Das wird als *perfekte Rekonstruktion* bezeichnet.

Bei einer allgemeinen Filterbank sind die Impulsantworten der Tiefpaß- und Hochpaßfilter im Synthese-Teil gleich den beiden Prototyp-Basisfunktionen in einer entsprechenden zeitdiskreten Basis. Ist die Basis orthogonal, dann sind die Analyse-Filter gleich den Zeitinversen der Synthese-Filter. Allgemeiner können wir eine biorthogonale Basis erhalten und in diesem Fall werden die Analyse-Filter mit $\widetilde{H}$ und $\widetilde{G}$ bezeichnet.

Rekonstruktionsbedingungen

Die Ergebnisse des vorhergehenden Abschnitts für das Downsampling und das Upsampling liefern uns die folgenden Ausdrücke für die z-Transformation von $x^{(0)}$ und $x^{(1)}$:

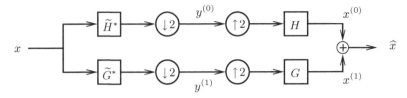

Abb. 3.4. Filterbank

$$X^{(0)}(z) = \frac{1}{2} H(z) \left[X(z)\widetilde{H}^*(z) + X(-z)\widetilde{H}^*(-z) \right],$$

$$X^{(1)}(z) = \frac{1}{2} G(z) \left[X(z)\widetilde{G}^*(z) + X(-z)\widetilde{G}^*(-z) \right].$$

Addiert man diese Ausdrücke, dann ergibt sich ein Ausdruck für die z-Transformation von $\widehat{x}$:

$$\widehat{X}(z) = \frac{1}{2} \left[H(z)\widetilde{H}^*(z) + G(z)\widetilde{G}^*(z) \right] X(z)$$

$$+ \frac{1}{2} \left[H(z)\widetilde{H}^*(-z) + G(z)\widetilde{G}^*(-z) \right] X(-z).$$

Hierbei haben wir die Terme mit den Faktoren $X(z)$ bzw. $X(-z)$ zusammengefaßt.

Hieraus ist ersichtlich, daß wir eine perfekte Rekonstruktion erhalten, das heißt, $x = \widehat{x}$, falls der Faktor vor $X(z)$ gleich 1 und der Faktor vor $X(-z)$ gleich 0 ist. Wir erlegen somit den Filtern die beiden folgenden Bedingungen auf:

(3.8) $\qquad H(z)\widetilde{H}^*(z) + G(z)\widetilde{G}^*(z) = 2,$ $\qquad$ (Nichtverzerrung)

(3.9) $\qquad H(z)\widetilde{H}^*(-z) + G(z)\widetilde{G}^*(-z) = 0.$ $\qquad$ (Alias-Auslöschung)

Die erste Bedingung gewährleistet, daß das Signal nicht verzerrt ist, und die zweite Bedingung sichert, daß die Alias-Komponente $X(-z)$ gelöscht wird. Diese beiden Bedingungen treten erneut auf, wenn wir Wavelets untersuchen. Das ist auch der Schlüssel zum Zusammenhang zwischen Filterbänken und Wavelets. Infolge unterschiedlicher Normalisierungen ist jedoch die rechte Seite der „Nichtverzerrungsbedingung" für Wavelets gleich 1.

Alias-Auslöschung und der Produktfilter

Wir definieren hier die Hochpaßfilter mit Hilfe der Tiefpaßfilter, so daß die Bedingung der Alias-Auslöschung (3.9) automatisch erfüllt ist. Es seien

(3.10) $\qquad G(z) = -z^{-L}\widetilde{H}^*(-z) \quad \text{und} \quad \widetilde{G}(z) = -z^{-L}H^*(-z)$

Hochpaßfilter, wobei L eine beliebige ungerade ganze Zahl bezeichnet. In der untenstehenden Übungsaufgabe 3.6 ist zu zeigen, daß diese Wahl den Alias löscht; danach erkennt man, warum L ungerade sein muß. In diesem Buch setzen wir in den meisten Fällen $L = 1$. Diese Wahl der Hochpaßfilter ist eine hinreichende Bedingung dafür, die Alias-Auslöschung zu gewährleisten. Für diese Wahl geben wir in Kapitel 4 eine weitere Motivation, wenn wir biorthogonale Basen diskutieren.

Setzen wir die Bedingung (3.10) für die Alias-Auslöschung in die Bedingung (3.8) für die Nichtverzerrung ein, dann erhalten wir eine einzige Bedingung für die beiden Tiefpaßfilter zur perfekten Rekonstruktion:

$$H(z)\widetilde{H}^*(z) + H(-z)\widetilde{H}^*(-z) = 2.$$

Wir definieren nun den *Produktfilter* $P(z) = H(z)\widetilde{H}^*(z)$ und dieser reduziert die Bedingung der perfekten Rekonstruktion auf

(3.11)
$$P(z) + P(-z) = 2.$$

Die linke Seite dieser Gleichung läßt sich folgendermaßen schreiben:

$$P(z) + P(-z) = 2p_0 + 2\sum_n p_{2n} z^{-2n}.$$

Hieraus schlußfolgern wir, daß in $P(z)$ alle geraden Potenzen gleich 0 sein müssen – natürlich mit Ausnahme des konstanten Gliedes, das gleich 1 sein sollte. Die ungeraden Potenzen fallen alle weg und sind die Konstruktionsvariablen in einer Filterbank.

Die Angabe einer Filterbank mit perfekter Rekonstruktion wird dann zu einer Frage des Auffindens eines Produktfilters $P(z)$, der die Bedingung (3.11) erfüllt. Hat man einen solchen Produktfilter gefunden, dann wird dieser in gewisser Weise so faktorisiert, wie $P(z) = H(z)\widetilde{H}^*(z)$. Die Hochpaßfilter sind dann durch die Gleichung (3.10) gegeben.

Beispiel 3.1. Wir wollen uns ansehen, ob die zeitdiskrete Haar-Basis die Bedingung der perfekten Rekonstruktion erfüllt. Die Filter sind gegeben durch

$$H(z) = \widetilde{H}(z) = \frac{1}{\sqrt{2}}(1 + z^{-1}), \qquad G(z) = \widetilde{G}(z) = \frac{1}{\sqrt{2}}(1 - z^{-1}).$$

Der Produktfilter ist dann

$$P(z) = H(z)\widetilde{H}^*(z) = H(z)\widetilde{H}(z^{-1})$$
$$= \frac{1}{2}(z + 2 + z^{-1}).$$

Dieser Produktfilter erfüllt tatsächlich die Bedingung der perfekten Rekonstruktion, denn mit Ausnahme des konstanten Gliedes $p_0 = 1$ sind alle geraden Potenzen gleich 0. $\square$

Orthogonale Filterbänke

Im ersten Teil dieses Kapitels hatten wir gesehen, daß bei orthogonalen zeitdiskreten Basen die entsprechenden Filter in der Filterbank folgendermaßen
zusammenhängen:

$$H(z) = \widetilde{H}(z) \quad \text{und} \quad G(z) = \widetilde{G}(z).$$

Eine solche Filterbank wird folglich orthogonal genannt. Für orthogonale Filterbänke können wir die Bedingung der perfekten Rekonstruktion ausschließ-
lich mit Hilfe des Synthese-Tiefpaßfilters $H(z)$ ausdrücken. Die Relation zwischen dem Analyse- und dem Synthese-Filter impliziert

$$P(z) = H(z)\widetilde{H}^*(z) = H(z)H(z^{-1}),$$

das heißt, die Folge p ist die Autokorrelation von h (vgl. Kapitel 2). Im Fourier-
Bereich haben wir im Falle reeller Filter

$$P(\omega) = H(\omega)\overline{H(\omega)} = |H(\omega)|^2 \geq 0.$$

Das bedeutet, daß $P(\omega)$ gerade und reellwertig ist. Die Orthogonalität impliziert demnach, daß die Koeffizienten im Produktfilter symmetrisch sein
müssen, das heißt, $p_n = p_{-n}$. Dies folgt aus Abschnitt 2.4 über den linearen
Phasengang und Symmetrie. Im Fourier-Bereich können wir nun die Bedingung (3.11) der perfekten Rekonstruktion als

$$(3.12) \qquad\qquad |H(\omega)|^2 + |H(\omega + \pi)|^2 = 2$$

schreiben. Diese Bedingung wird erneut auftreten, wenn wir orthogonale
Wavelet-Basen untersuchen. Wir hatten bereits früher festgestellt, daß der
einzige Unterschied darin besteht, daß für Wavelets die linke Seite gleich 1
sein sollte.

Biorthogonale Basen

Wir erinnern uns daran, daß wir eine orthogonale Filterbank als Realisierung
der Darstellung eines Signals in einem speziellen Typ einer zeitdiskreten Basis auffassen konnten. Diese Basis wurde aus den geraden Translaten zweier
Basisfunktionen φ und ψ gebildet, wobei $\varphi_k = h_k$ und $\psi_k = g_k$. Und wir
hatten

$$x = \sum_n \langle x, \varphi^{(2n)} \rangle \varphi^{(2n)} + \sum_n \langle x, \varphi^{(2n+1)} \rangle \varphi^{(2n+1)},$$

wobei $\varphi_k^{(2n)} = \varphi_{k-2n}$ und $\varphi_k^{(2n+1)} = \psi_{k-2n}$. Eine biorthogonale Filterbank
entspricht nun der biorthogonalen Entwicklung

$$x = \sum_n \langle x, \widetilde{\varphi}^{(2n)} \rangle \varphi^{(2n)} + \sum_n \langle x, \widetilde{\varphi}^{(2n+1)} \rangle \varphi^{(2n+1)}.$$

Hier haben wir $\widetilde{\varphi}_k^{(2n)} = \widetilde{\varphi}_{k-2n}$ und $\widetilde{\varphi}_k^{(2n+1)} = \widetilde{\psi}_{k-2n}$ sowie $\widetilde{\varphi}_k = \widetilde{h}_k$ und
$\widetilde{\psi}_k = \widetilde{g}_k$.

Übungsaufgaben zu Abschnitt 3.4

Übungsaufgabe 3.6. Zeigen Sie: Die Bedingung für die Alias-Auslöschung (3.10) der Hochpaßfilter impliziert, daß Bedingung (3.9) erfüllt ist.

Übungsaufgabe 3.7. Es gibt eine Filterbank, die sogar noch einfacher ist, als die mit Hilfe der Haar-Basis gebildete Filterbank: die sogenannte *Lazy-Filterbank*. Diese ist orthogonal und durch den Tiefpaßfilter $H(z) = z^{-1}$ gegeben. Welches sind die entsprechenden Hochpaßfilter? Was ist der Produktfilter, und erfüllt dieser die Bedingung der perfekten Rekonstruktion?

Die Signale $y^{(0)}$ und $y^{(1)}$ sind die ungeradzahlig bzw. geradzahlig indizierten Werte von x. Beweisen Sie das! Welches sind die Signale $x^{(0)}$ und $x^{(1)}$? Ist ihre Summe gleich x?

3.5 Konstruktion von Filterbänken

Die Diskussion im vorhergehenden Abschnitt hat gezeigt, daß sich die Konstruktion einer Filterbank mit perfekter Rekonstruktion auf die folgenden drei Schritte reduzieren läßt:

1. Man finde einen Produktfilter $P(z)$, der die Bedingung $P(z) + P(-z) = 2$ erfüllt.
2. Man faktorisiere den Produktfilter in zwei Tiefpaßfilter: $P(z) = H(z)\widetilde{H}^*(z)$.
3. Man definiere die Hochpaßfilter als

$$G(z) = -z^{-L}\widetilde{H}^*(-z) \quad \text{und} \quad \widetilde{G}(z) = -z^{-L}H^*(-z),$$

wobei L eine beliebige ungerade ganze Zahl ist.

Die Koeffizienten im Produktfilter erfüllten $p_0 = 1$ und $p_{2n} = 0$. In einer orthogonalen Filterbank haben wir auch die Symmetriebedingung $p_n = p_{-n}$. Das einfachste Beispiel eines solchen Produktfilters kam von der Haar-Basis, wobei

$$P(z) = \frac{1}{2}(z + 2 + z^{-1}).$$

Die Frage ist nun, wie man Produktfilter höherer Ordnung findet. Solche Produktfilter würden uns ihrerseits Tiefpaß- und Hochpaßfilter höherer Ordnung liefern, denn $P(z) = H(z)\widetilde{H}^*(z)$. Normalerweise gibt es verschiedene Möglichkeiten, $P(z)$ in $H(z)$ und $\widetilde{H}^*(z)$ zu faktorisieren. Für eine orthogonale Filterbank haben wir $H(z) = \widetilde{H}(z)$, und im allgemeinen Fall haben wir eine sogenannte biorthogonale Filterbank.

In diesem Abschnitt beschreiben wir, wie man eine Familie von Produktfiltern konstruiert, die von der Mathematikerin Ingrid Daubechies entdeckt wurden. Es gibt aber auch andere Typen von Produktfiltern und wir werden diese später in Kapitel 8 diskutieren (in dem wir verschiedene Familien von Wavelet-Basen definieren).

Der Daubechies-Produktfilter

Im Jahr 1988 schlug Daubechies einen symmetrischen Produktfilter der Form

$$P(z) = \left(\frac{1+z}{2}\right)^N \left(\frac{1+z^{-1}}{2}\right)^N Q_N(z)$$

vor, wobei $Q_N(z)$ ein symmetrisches Polynom $(2N-1)$-ten Grades in z ist:

$$Q_N(z) = a_{N-1}z^{N-1} + \cdots + a_1 z + a_0 + a_1 z^{-1} + \ldots a_{N-1} z^{1-N}.$$

Das Polynom $Q_N(z)$ ist so gewählt, daß $P(z)$ die Bedingung der perfekten Rekonstruktion erfüllt, und es ist eindeutig.

Bis jetzt wurde keine Bedingung dafür formuliert, daß H und $\widetilde{H}$ Tiefpaßfilter sind, oder daß G und $\widetilde{G}$ Hochpaßfilter sind. Wir sehen aber, daß der Daubechies-Produktfilter so gewählt wurde, daß $P(z)$ bei $z = -1$ eine Nullstelle der Ordnung $2N$ hat, das heißt, $P(\omega)$ hat bei $\omega = \pi$ eine Nullstelle der Ordnung $2N$. Das wiederum bedeutet, daß $P(z)$ das Produkt zweier Tiefpaßfilter ist. In unserer Darstellung der Wavelet-Theorie werden wir sehen, daß die Anzahl der Nullstellen mit den Approximationseigenschaften von Wavelet-Basen zusammenhängt. Das ist die Stelle, an dem die Theorie der Wavelets die Konstruktion von Filterbänken beeinflußt hat. In der zeitdiskreten Theorie gibt es nichts, was im Falle der Tiefpaßfilter dafür spricht, warum es bei $z = -1$ mehr als *eine* Nullstelle geben sollte.

Wir wollen das mit zwei Beispielen illustrieren.

Beispiel 3.2. Für $N = 1$ erhalten wir folgenden Produkfilter für die Haar-Basis:

$$P(z) = \left(\frac{1+z}{2}\right) \left(\frac{1+z^{-1}}{2}\right) Q_1(z).$$

Aus der Bedingung $p_0 = 1$ folgt hier $Q_1(z) = a_0 = 2$ und wir haben

$$P(z) = \frac{1}{2}(z + 2 + z^{-1}).$$

$\square$

Beispiel 3.3. Für $N = 2$ erhalten wir den Produktfilter der nächsthöheren Ordnung:

$$P(z) = \left(\frac{1+z}{2}\right)^2 \left(\frac{1+z^{-1}}{2}\right)^2 Q_2(z).$$

Hier ist $Q_2(z) = a_1 z + a_0 + a_1 z^{-1}$ und setzt man diesen Ausdruck in $P(z)$ ein, dann ergibt sich nach Vereinfachung

$$P(z) = \frac{1}{16}(a_1 z^3 + (a_0 + 4a_1)z^2 + (4a_0 + 7a_1)z + (6a_0 + 8a_1)$$
$$+ (4a_0 + 7a_1)z^{-1} + (a_0 + 4a_1)z^{-2} + a_1 z^{-3}).$$

Die Bedingungen $p_0 = 1$ und $p_2 = 0$ der perfekten Rekonstruktion liefern das lineare Gleichungssystem

$$\begin{cases} 6a_0 + 8a_1 = 16 \\ a_0 + 4a_1 = 0 \end{cases}$$

mit der Lösung $a_0 = 4$ und $a_1 = -1$. Wir haben dann

$$P(z) = \frac{1}{16}(-z^3 + 9z + 16 + 9z^{-1} - z^{-3}).$$

$\square$

Faktorisierung

Wir wollen zunächst eine orthogonale Filterbank unter Verwendung des symmetrischen Daubechies-Produktfilters konstruieren. Aufgrund von $P(z) = H(z)H(z^{-1})$ wissen wir, daß die Nullstellen von $P(z)$ stets in Paaren der Form z_k und z_k^{-1} auftreten. Bei der Faktorisierung von $P(z)$ können wir für jede Nullstelle z_k entweder $(z - z_k)$ oder $(z - z_k^{-1})$ als Faktor von $H(z)$ wählen. Wählen wir immer diejenige Nullstelle, die innerhalb des Einheitskreises oder auf diesem liegt, das heißt, $|z_k| \leq 1$, dann heißt $H(z)$ der minimale Phasenfaktor von $P(z)$.

Wir nehmen nun an, daß der Filter $H(z)$ auch symmetrisch ist. Dann müssen die Nullstellen von $H(z)$ paarweise in der Form z_k und z_k^{-1} auftreten. Aber das widerspricht der Orthogonalitätsbedingung, es sei denn, wir haben die Haar-Basis, bei der beide Nullstellen bei $z = -1$ liegen. Somit gilt: *orthogonale Filterbänke können keine symmetrischen Filter haben.*[1]

In einer biorthogonalen Basis oder Filterbank läßt sich der Produktfilter in der Form $P(z) = H(z)\widetilde{H}^*(z)$ faktorisieren. Es gibt verschiedene Möglichkeiten, dies zu tun, und wir erhalten dann unterschiedliche Filterbänke für einen gegebenen Produktfilter. In den meisten Fällen möchten wir, daß die Filter $H(z)$ und $\widetilde{H}^*(z)$ symmetrisch sind – es sei denn, wir konstruieren eine orthogonale Filterbank.

Und schließlich möchten wir noch, daß sowohl $H(z)$ als auch $\widetilde{H}^*(z)$ reelle Koeffizienten haben. Aus diesem Grund richten wir es so ein, daß die konjugiert komplexen Nullstellen z_k und $\overline{z_k}$ entweder zu $H(z)$ oder zu $\widetilde{H}^*(z)$ gehören.

Wir wollen das wiederum durch ein Beispiel illustrieren.

Beispiel 3.4. Für $N = 2$ war der Daubechies-Produktfilter durch

$$P(z) = \frac{1}{16}(-z^3 + 9z + 16 + 9z^{-1} - z^{-3})$$

$$= \left(\frac{1+z}{2}\right)^2 \left(\frac{1+z^{-1}}{2}\right)^2 (-z + 4 - z^{-1})$$

---

[1] Wir haben vorausgesetzt, daß es sich bei sämtlichen Filtern um FIR-Filter handelt. Eine Filterbank mit symmetrischen IIR-Filtern kann orthogonal sein.

gegeben. Dieses Polynom hat vier Nullstellen bei $z = -1$, eine bei $z = 2 - \sqrt{3}$ und eine bei $z = 2 + \sqrt{3}$. Zwei mögliche Faktorisierungen dieses Produktfilters sind:

1. orthogonal und nichtsymmetrisch:

$$H(z) = \widetilde{H}(z) =$$
$$= \frac{1}{4\sqrt{2}} \left((1 + \sqrt{3}) + (3 + \sqrt{3})z^{-1} + (3 - \sqrt{3})z^{-2} + (1 - \sqrt{3})z^{-3} \right);$$

2. biorthogonal und symmetrisch:

$$H(z) = \frac{1}{2\sqrt{2}} \left(z + 2 + z^{-1} \right),$$
$$\widetilde{H}(z) = \frac{1}{4\sqrt{2}} \left(-z^2 + 2z + 6 + 2z^{-1} - z^{-2} \right).$$

$\square$

3.6 Bemerkungen

Wir machen den Leser auf zwei Bücher aufmerksam, in denen die Wavelet-Theorie auf der Grundlage der Untersuchung von Filterbänken entwickelt wird: *Wavelets and Filter Banks* von Nguyen und Strang [27] sowie *Wavelets and Subband Coding* von Kovacevic und Vetterli [30]. Diese Bücher eignen sich für Ingenieure und Studenten mit Kenntnissen auf dem Gebiet der Signalverarbeitung.

4

Multi-Skalen-Analyse

Dieses Kapitel ist dem Begriff der Multi-Skalen-Analyse (MSA)[1] gewidmet. Wie bereits aus der Bezeichnung hervorgeht, besteht die Grundidee darin, eine Funktion durch Betrachtung unterschiedlicher Skalen (Auflösungen) zu analysieren. Wavelets bieten eine Möglichkeit, die Differenz zwischen Approximationen auf unterschiedlichen Skalen darzustellen.

Wir beginnen das Kapitel mit einigen grundlegenden mathematischen Begriffen der zeitstetigen Signalverarbeitung. Danach sehen wir uns die Definitionen der Skalierungsfunktionen, der Multi-Skalen-Analyse und der Wavelets an. Anschließend untersuchen wir orthogonale und biorthogonale Wavelet-Basen. Zum Schluß diskutieren wir die Approximationseigenschaften von Skalierungsfunktionen und Wavelets; das liefert eine Möglichkeit zur Konstruktion von Filterbänken.

4.1 Projektionen und Basen in $L^2(\mathbb{R})$

In diesem Abschnitt stellen wir einige mathematische Begriffe bereit, die für ein volles Verständnis der Multi-Skalen-Analyse und der Wavelets unentbehrlich sind. Wir geben nicht immer vollständige Beweise, denn das würde zuviele mathematische Details erfordern. Wir formulieren die grundlegenden Definitionen und Ergebnisse; danach diskutieren wir diese und umgehen dabei einige der formalen Begründungen.

Der Hilbertraum $L^2(\mathbb{R})$

Bei zeitdiskreten Signalen haben wir im Raum $\ell^2(\mathbb{Z})$ der Signale mit endlicher Energie gearbeitet. Im stetigen Fall ist die Energie eines Signals f zum Beispiel durch Integration von $|f(t)|^2$ über der reellen Geraden gegeben. Demnach läßt sich der Raum der zeitstetigen Signale mit endlicher Energie folgendermaßen definieren:

---

[1] Multi-Resolution Analysis (MRA).

Definition 4.1. *Wir definieren $L^2(\mathbb{R})$ als die Menge aller Funktionen $f(t)$, für die*

$$\int_{-\infty}^{\infty} |f(t)|^2 \, dt < \infty.$$

□

Das ist ein linearer Raum mit der Norm

$$\|f\| = \left(\int_{-\infty}^{\infty} |f(t)|^2 \, dt \right)^{1/2}.$$

Die drei fundamentalen Eigenschaften der Norm sind

1. $\|f\| \geq 0$ und $\|f\| = 0 \Rightarrow f = 0$,
2. $\|cf\| = |c| \, \|f\|$ für $c \in \mathbb{C}$,
3. $\|f + g\| \leq \|f\| + \|g\|$ (Dreiecksungleichung).

Die L^2-Norm kann als Fehlermaß verwendet werden. Ist $\tilde{f}$ eine Approximation von f, dann besteht eine Möglichkeit der Quantifizierung des Fehlers darin, daß man $\|f - \tilde{f}\|$ bildet. Man sagt, daß eine Folge (f_n) von Funktionen für $n \to \infty$ (in L^2) gegen den *Grenzwert f konvergiert* und man schreibt $f_n \to f$, falls $\|f_n - f\| \to 0$ für $n \to \infty$. Mit anderen Worten: Die Funktionen f_n werden (in L^2) immer bessere Approximationen für f.

Die L^2-Norm wird durch das *Skalarprodukt*

$$(4.1) \qquad \langle f, g \rangle = \int_{-\infty}^{\infty} f(t) \overline{g(t)} \, dt$$

induziert, das heißt, wir haben $\|f\| = \sqrt{\langle f, f \rangle}$. Die Cauchy-Schwarzsche Ungleichung

$$|\langle f, g \rangle| \leq \|f\| \, \|g\|$$

garantiert die Endlichkeit des Integrals (4.1).

Die Existenz eines Skalarproduktes macht es möglich, über *Orthogonalität* zu sprechen: Zwei Funktionen f und g heißen orthogonal, wenn $\langle f, g \rangle = 0$.

Anmerkung 4.1. Der mit dem Skalarprodukt versehene Raum $L^2(\mathbb{R})$ ist *vollständig*. Betrachtet man nämlich eine *Cauchyfolge* (f_n), also $\|f_n - f_m\| \to 0$ für $m, n \to \infty$, dann *konvergiert* diese Folge in $L^2(\mathbb{R})$ gegen einen Grenzwert f, das heißt, $\|f_n - f\| \to 0$ für $n \to \infty$. Ein normierter vollständiger Vektorraum mit einem Skalarprodukt heißt *Hilbertraum*. Demnach sind $L^2(\mathbb{R})$ sowie die Räume $\mathbb{R}^n$, $\mathbb{C}^n$ und $\ell^2(\mathbb{Z})$ Hilberträume.   □

Der Raum $L^2(\mathbb{R})$ enthält alle physikalisch realisierbaren Signale. Dieser Raum ist der natürliche Rahmen für die zeitlich kontinuierliche Fourier-Transformation

$$\mathcal{F}f(\omega) = \widehat{f}(\omega) = \int_{-\infty}^{\infty} f(t)e^{-i\omega t}\, dt.$$

Für die Fourier-Transformation gilt die Parsevalsche Formel

$$\int_{-\infty}^{\infty} |\widehat{f}(\omega)|^2\, d\omega = 2\pi \int_{-\infty}^{\infty} |f(t)|^2\, dt$$

oder $\|\mathcal{F}f\| = (2\pi)^{1/2}\|f\|$. Die Größe $|\widehat{f}(\omega)|^2/(2\pi)$ läßt sich dann als die *Energiedichte* bei der Frequenz ω interpretieren. Integriert man diese Energiedichte über alle Frequenzen, dann ergibt sich gemäß der Parsevalschen Formel die Gesamtenergie des Signals. Abschließend bemerken wir, daß die Parsevalsche Formel ein Spezialfall der allgemeineren Plancherelschen Formel ist:

$$\int_{-\infty}^{\infty} \widehat{f}(\omega)\overline{\widehat{g}(\omega)}\, d\omega = 2\pi \int_{-\infty}^{\infty} f(t)\overline{g(t)}\, dt$$

oder $\langle \widehat{f}, \widehat{g}\rangle = 2\pi\langle f, g\rangle$.

Abgeschlossene Unterräume und Projektionen

Wir betrachten im Raum $L^2(\mathbb{R})$ Unterräume von Signalen. Ein typisches Beispiel ist die Klasse der bandbegrenzten Signale, das heißt, der Signale f mit $\widehat{f}(\omega) = 0$ für $|\omega| > \Omega$, wobei Ω eine feste *Cut-off-Frequenz* bezeichnet.

Ein linearer Unterraum V ist *abgeschlossen*, falls aus $f_n \in V$ und $f_n \to f$ die Beziehung $f \in V$ folgt. Der Raum der bandbegrenzten Funktionen ist abgeschlossen. Für abgeschlossene Unterräume ist es möglich, jeweils einen *Projektionsoperator* auf einen solchen Unterraum zu definieren. Die Idee hinter den Projektionen besteht darin, ein beliebiges Signal f durch ein Signal v des Unterraumes V zu approximieren. Wir möchten eine optimale Approximation haben, durch die $\|f - v\|$, $v \in V$, minimiert wird. Man kann beweisen, daß eine eindeutige Minimierung w in V existiert. Diese Tatsache rechtfertigt die nachstehende Definition.

Definition 4.2. *Die (orthogonale) Projektion von f auf den abgeschlossenen Unterraum V ist das eindeutig bestimmte $w \in V$, für das folgendes gilt:*

$$\|f - w\| \leq \|f - v\| \quad \textit{für alle } v \in V.$$

Die Projektion von f auf V wird mit $P_V f$ bezeichnet. $\square$

Eine nützliche Charakterisierung der Projektion $P_V f$ besteht darin, daß $f - P_V f$ orthogonal zu V ist:

$$\langle f - P_V f, v\rangle = 0 \quad \text{für alle } v \in V.$$

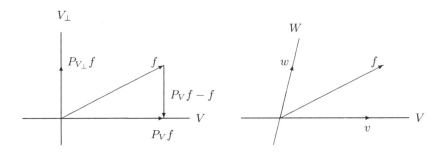

Abb. 4.1. Projektionen in zwei Dimensionen

Dies läßt sich durch Projektionen in der Ebene illustrieren (vgl. Abb. 4.1).
Definieren wir das *orthogonale Komplement* in Bezug auf V als

$$V^\perp = \{u \in L^2(\mathbb{R}) : \langle u, v \rangle = 0 \text{ für alle } v \in V\},$$

dann haben wir die orthogonale Zerlegung $f = P_V f + P_{V^\perp} f$.

Mitunter werden wir die vollständige Bezeichnung *orthogonale Projektion*
verwenden, da es andere (schiefe) Projektionen gibt. Ist W ein abgeschlossener
Unterraum derart, daß sich jedes f eindeutig in der Form $f = v + w$ mit $v \in V$
und $w \in W$ zerlegen läßt, dann heißt v die Projektion von f auf V in Bezug
auf W (vgl. Abb. 4.1).

Beispiel 4.1. Die orthogonale Projektion auf den Raum V der bandbegrenzten Funktionen ist dadurch gegeben, daß man alles eliminiert, was über der
Frequenz Ω liegt:

$$(4.2) \qquad \widehat{P_V f}(\omega) = \begin{cases} \widehat{f}(\omega) & \text{falls } |\omega| < \Omega, \\ 0 & \text{andernfalls.} \end{cases}$$

Der Beweis wird dem Leser als Übungsaufgabe überlassen.   □

Riesz-Basen

Der Begriff der Basis in linearen Räumen läßt sich von endlichen Dimensionen
und $\ell^2(\mathbb{Z})$ auf $L^2(\mathbb{R})$ verallgemeinern. Eine Familie $\{\varphi_k\}_{k \in \mathbb{Z}}$ von Funktionen
wird als *Basis* eines linearen Unterraumes V bezeichnet, falls sich jede Funktion $f \in V$ eindeutig in der Form

$$(4.3) \qquad f = \sum_k c_k \varphi_k$$

schreiben läßt.

Man sagt auch, daß V von den Funktionen φ_k *aufgespannt* wird. Die Summe (4.3) sollte als Grenzwert von endlichen Summen interpretiert werden, wenn die Anzahl der Terme gegen Unendlich geht. Genauer gesagt: $\|f - s_K\| \to 0$ für $K \to \infty$, wobei s_K die folgende endliche Summe[2] ist:

$$s_K = \sum_{k=-K}^{K} c_k \varphi_k.$$

Mit anderen Worten: Die Energie von $f - s_K$ geht gegen Null, wenn man immer mehr Glieder der Summe einbezieht. Eine in diesem Buch verwendete fundamentale Tatsache in Bezug auf das Skalarprodukt ist:

(4.4) $$\left\langle \sum_k c_k \varphi_k, g \right\rangle = \sum_k c_k \langle \varphi_k, g \rangle.$$

Der Beweis ist in Übung 4.4 skizziert.

Die Zahlen (c_k) sind die *Koeffizienten* von f bezüglich der Basis $\{\varphi_k\}$. Die Berechnung dieser Koeffizienten von f heißt *Analyse* von f in der Basis $\{\varphi_k\}$. Die Rekonstruktion von f aus (c_k) wird als *Synthese* bezeichnet. Wir möchten, daß Analyse und Synthese in der Basis $\{\varphi_k\}$ numerisch stabil sind und geben deswegen folgende

Definition 4.3. *Eine Basis $\{\varphi_k\}$ eines Unterraums V heißt* Riesz-Basis, *wenn für $f = \sum_k c_k \varphi_k$ die Beziehung*

$$A \|f\|^2 \le \sum_k |c_k|^2 \le B \|f\|^2$$

gilt, wobei $0 < A \le 1 \le B < \infty$ Konstanten sind, die nicht von f abhängen.

□

Um zu begründen, warum hieraus numerische Stabilität folgt, betrachten wir eine Approximation $\widetilde{f}$ eines Signals f. Hat das Signal die Koeffizienten (c_k) und hat seine Approximation die Koeffizienten $(\widetilde{c}_k)$, dann haben wir

$$A\|f - \widetilde{f}\|^2 \le \sum_k |c_k - \widetilde{c}_k|^2 \le B\|f - \widetilde{f}\|^2.$$

Kleine Fehler im Signal führen dann zu kleinen Fehlern in den Koeffizienten und umgekehrt – vorausgesetzt, daß A^{-1} und B nicht zu groß sind. Ein vielleicht wichtigeres Resultat bezieht sich auf die relativen Fehler:

$$\frac{\|f - \widetilde{f}\|}{\|f\|} \le \sqrt{\frac{B}{A}} \frac{\|c - \widetilde{c}\|}{\|c\|} \quad \text{und} \quad \frac{\|c - \widetilde{c}\|}{\|c\|} \le \sqrt{\frac{B}{A}} \frac{\|f - \widetilde{f}\|}{\|f\|}.$$

---

[2] Streng genommen müßte man zwei Indizes K_1 und K_2 verwenden, die unabhängig voneinander gegen Unendlich gehen.

Hier ist $\|c\|$ die $\ell^2(\mathbb{Z})$-Norm. Die Zahl $\sqrt{B/A}$ hat den Namen *Konditionszahl*. Diese Zahl liefert eine obere Schranke dafür, um wieviel die relativen Fehler wachsen können, wenn man zwischen f und seinen Koeffizienten (c_k) wechselt. Wegen $A \leq B$ muß die Konditionszahl mindestens 1 sein. Der optimale Fall tritt ein, wenn die Konditionszahl gleich 1 ist: $A = B = 1$. In diesem Fall haben wir eine Orthonormalbasis (ON-Basis). Für ON-Basen gilt $\langle \varphi_k, \varphi_l \rangle = \delta_{k,l}$, wobei wir das *Kronecker-Symbol* verwendet haben:

$$\delta_{k,l} = \begin{cases} 1 & \text{falls} \quad k = l, \\ 0 & \text{andernfalls.} \end{cases}$$

Bildet man die Skalarprodukte mit φ_l in (4.3), dann ergibt sich $c_l = \langle f, \varphi_l \rangle$ und demnach läßt sich jedes $f \in V$ in folgender Form schreiben:

$$(4.5) \qquad f = \sum_k \langle f, \varphi_k \rangle \varphi_k.$$

Für die orthogonale Projektion P_V auf V zeigt man leicht, daß für jedes $f \in L^2(\mathbb{R})$ die Beziehung $\langle P_V f, \varphi_k \rangle = \langle f, \varphi_k \rangle$ gilt. Wir haben dann

$$P_V f = \sum_k \langle f, \varphi_k \rangle \varphi_k.$$

Es gibt eine Verallgemeinerung der Formel (4.5) für Riesz-Basen. Wir setzen nun eine *duale* Riesz-Basis $\{\widetilde{\varphi}_k\}$ derart voraus, daß $\langle \varphi_k, \widetilde{\varphi}_l \rangle = \delta_{k,l}$ gilt. Die Basen $\{\varphi_k\}$ und $\{\widetilde{\varphi}_k\}$ heißen *biorthogonal*. In diesem biorthogonalen Fall gilt

$$f = \sum_k \langle f, \widetilde{\varphi}_k \rangle \varphi_k.$$

Wir können einen (nicht orthogonalen) Projektionsoperator durch

$$P_V f = \sum_k \langle f, \widetilde{\varphi}_k \rangle \varphi_k$$

definieren. Bezeichnet man mit $\widetilde{V}$ den linearen Raum, der von den dualen Basisfunktionen $\widetilde{\varphi}_k$ aufgespannt wird, dann ist P_V die bezüglich $\widetilde{V}^\perp$ betrachtete Projektion auf V.

Im Allgemeinen ist die Wahl der dualen Basis $\{\widetilde{\varphi}_k\}$ nicht eindeutig. Fordern wir jedoch zusätzlich, daß der von der dualen Basis aufgespannte lineare Raum gleich V ist, dann gibt es genau eine solche Basis. Das ist zum Beispiel der Fall, wenn $V = L^2(\mathbb{R})$.

Übungsaufgaben zu Abschnitt 4.1

Übungsaufgabe 4.1. Zeigen Sie, daß die Menge der bandbegrenzten Funktionen ein Unterraum von $L^2(\mathbb{R})$ ist.

Übungsaufgabe 4.2. Zeigen Sie, daß der Projektionsoperator in Beispiel 4.1 durch (4.2) gegeben ist. Hinweis: Man zeige, daß

$$0 = \langle f - P_V f, v \rangle = \frac{1}{2\pi} \langle \hat{f} - \widehat{P_V f}, \hat{v} \rangle$$

für jedes bandbegrenzte v gilt.

Übungsaufgabe 4.3. Beweisen Sie: Ist $\{\varphi_k\}$ eine Orthonormalbasis von V und ist P_V die orthogonale Projektion auf V, dann gilt für beliebige f die Beziehung

$$\langle P_V f, \varphi_k \rangle = \langle f, \varphi_k \rangle.$$

Übungsaufgabe 4.4. Beweisen Sie (4.4). Hinweis: Es sei f die Summe in (4.3) und es bezeichne s_K die endliche Summe. Man zeige zunächst

$$\langle s_K, g \rangle = \sum_{k=-K}^{K} c_k \langle \varphi_k, g \rangle,$$

was sich mühelos durchführen läßt. Dann folgt

$$\left| \langle f, g \rangle - \sum_{k=-K}^{K} c_k \langle \varphi_k, g \rangle \right| = |\langle f, g \rangle - \langle s_K, g \rangle|$$

$$= |\langle f - s_K, g \rangle|$$

$$\leq \|f - s_K\| \, \|g\| \to 0 \text{ für } K \to \infty.$$

4.2 Skalierungsfunktionen und Approximation

Die zentrale Idee der Multi-Skalen-Analyse besteht darin, Funktionen auf unterschiedlichen Skalen oder Auflösungslevels zu approximieren. Diese Approximationen werden durch die *Skalierungsfunktion* geliefert, die mitunter auch als *Approximationsfunktion* bezeichnet wird.

Die Haarsche Skalierungsfunktion

Die Haarsche Skalierungsfunktion ist das einfachste Beispiel; sie ist definiert durch

$$\varphi(t) = \begin{cases} 1 & \text{falls } 0 < t < 1, \\ 0 & \text{andernfalls.} \end{cases}$$

Mit dieser Skalierungsfunktion erhalten wir stückweise konstante Approximationen. Zum Beispiel können wir eine Funktion f durch eine Funktion f_1 approximieren, die stückweise konstant auf den Intervallen $(k/2, (k+1)/2)$, $k \in \mathbb{Z}$, ist. Diese Funktion läßt sich in der Form

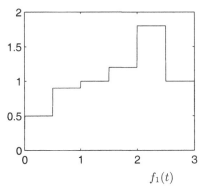
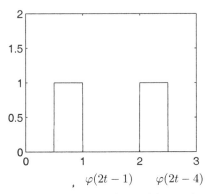

$f_1(t)$, $\varphi(2t-1)$ $\varphi(2t-4)$

Abb. 4.2. Eine Funktion in V_1 und Skalierungsfunktionen zum Skalenfaktor $1/2$

$$(4.6) \qquad\qquad f_1(t) = \sum_k s_{1,k}\varphi(2t-k)$$

schreiben. Das ist offensichtlich, denn $\varphi(2t-k)$ ist gleich 1 auf $(k/2,(k+1)/2)$ und andernfalls gleich 0 (vgl. Abb. 4.2).
Der in $L^2(\mathbb{R})$ gebildete Unterraum der Funktionen der Form (4.6) wird mit V_1 bezeichnet. Die Koeffizienten $(s_{1,k})$ können als die Mittelwerte von f über den Intervallen $(k/2,(k+1)/2)$ gewählt werden:

$$s_{1,k} = 2\int_{k/2}^{(k+1)/2} f(t)\,dt = 2\int_{-\infty}^{\infty} f(t)\varphi(2t-k)\,dt.$$

Die Approximation (4.6) ist tatsächlich die orthogonale Projektion von f auf V_1 und hat die ON-Basis $\{2^{1/2}\varphi(2t-k)\}$. Aus Gründen einer bequemeren Schreibweise ist der Faktor $2^{1/2}$ in $s_{1,k}$ enthalten.

Die Koeffizienten $(s_{1,k})$ könnten auch als die Sample-Werte von f bei $t = k/2$, $s_{1,k} = f(k/2)$ gewählt werden.

Wir könnten f auf einer zweimal gröberen Skala durch eine Funktion f_0 approximieren, die stückweise konstant auf den Intervallen $(k,k+1)$ ist:

$$(4.7) \qquad\qquad f_0(t) = \sum_k s_{0,k}\varphi(t-k).$$

Werden die Koeffizienten $(s_{0,k})$ als Mittelwerte über den Intervallen $(k,k+1)$ gewählt, dann überprüft man leicht die Relation

$$s_{0,k} = \frac{1}{2}(s_{1,2k} + s_{1,2k+1}).$$

Der lineare Raum der Funktionen in (4.7) wird mit V_0 bezeichnet. Allgemeiner können wir stückweise konstante Approximationen auf den Intervallen $(2^{-j}k, 2^{-j}(k+1))$, $j \in \mathbb{Z}$, erhalten, wenn wir Funktionen der Form

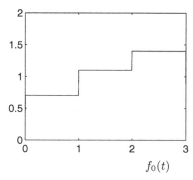
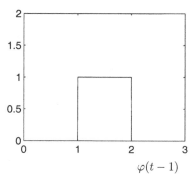

$$f_0(t) \qquad\qquad \varphi(t-1)$$

Abb. 4.3. Die Funktion in V_0 und eine Skalierungsfunktion zum Skalenfaktor 1

$$f_j(t) = \sum_k s_{j,k}\varphi(2^j t - k).$$

nehmen. Der entsprechende lineare Funktionenraum wird mit V_j bezeichnet. Die Räume V_j heißen *Approximationsräume* zur Skala 2^{-j}.

Definition der Multi-Skalen-Analyse

Ein Nachteil der Haarschen Skalierungsfunktion besteht darin, daß sie unstetige Approximationen erzeugt. Ein andere Skalierungsfunktion ist die *Hut-Funktion*

$$\varphi(t) = \begin{cases} 1 + t & \text{falls } -1 \le t \le 0, \\ 1 - t & \text{falls } 0 \le t \le 1, \\ 0 & \text{andernfalls.} \end{cases}$$

Nimmt man Linearkombinationen von $\varphi(t-k)$ wie in (4.7), dann erhält man stetige und stückweise lineare Approximationen.

Die Approximationsräume V_j bestehen in diesem Fall aus stetigen Funktionen, die stückweise linear auf den Intervallen $(2^{-j}k, 2^{-j}(k+1))$ sind. Das liefert oft bessere Approximationen als die Haarsche Skalierungsfunktion.

Wir entwickeln jetzt einen allgemeinen Rahmen für die Konstruktion von Skalierungsfunktionen und Approximationsräumen. Das ist der Begriff der Multi-Skalen-Analyse.

Definition 4.4. *Eine Multi-Skalen-Analyse (MSA) ist eine Familie von abgeschlossenen Unterräumen V_j von $L^2(\mathbb{R})$ mit folgenden Eigenschaften:*

1. *$V_j \subset V_{j+1}$ für alle $j \in \mathbb{Z}$,*
2. *$f(t) \in V_j \Leftrightarrow f(2t) \in V_{j+1}$ für alle $j \in \mathbb{Z}$,*
3. *$\bigcup_j V_j$ ist dicht in $L^2(\mathbb{R})$,*
4. *$\bigcap_j V_j = \{0\}$,*
5. *Es existiert eine Skalierungsfunktion $\varphi \in V_0$ derart, daß $\{\varphi(t-k)\}$ eine Riesz-Basis für V_0 ist.*

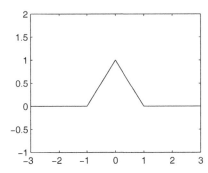 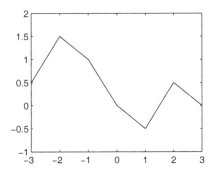

Abb. 4.4. Die Hut-Skalierungsfunktion und eine Funktion im entsprechenden V_0-Raum

Die erste Bedingung besagt, daß die Funktionen in V_{j+1} mehr Details enthalten, als die Funktionen in V_j: in einem gewissen Sinne fügen wir Informationen hinzu, wenn wir eine Funktion in einer feineren Skala approximieren. Die zweite Bedingung besagt, daß V_{j+1} die Funktionen in einer zweimal feineren Skala approximiert als V_j; darüber hinaus stellt diese Bedingung einen Zusammenhang zwischen den Räumen V_j her. Die fünf Bedingungen fordern, daß die Approximationsräume von den Skalierungsfunktionen aufgespannt werden. Wir führen nun die gestreckten, verschobenen und normalisierten Skalierungsfunktionen ein:

$$\varphi_{j,k}(t) = 2^{j/2}\varphi(2^j t - k).$$

Nach Skalieren mit 2^j ist leicht zu sehen, daß die Skalierungsfunktionen $\varphi_{j,k}$ für ein festes j eine Riesz-Basis von V_j bilden. Demnach läßt sich jedes $f_j \in V_j$ in der Form

$$(4.8) \qquad f_j(t) = \sum_k s_{j,k}\varphi_{j,k}(t)$$

schreiben. Der Grund für die Faktoren $2^{j/2}$ besteht darin, daß alle Skalierungsfunktionen die gleiche Norm haben: $\|\varphi_{j,k}\| = \|\varphi\|$.

Die verbleibenden beiden Eigenschaften sind mehr technischer Natur. Sie werden zur Gewährleistung dessen benötigt, daß die Wavelets, die wir bald einführen werden, eine Riesz-Basis für $L^2(\mathbb{R})$ liefern. Die dritte Eigenschaft bedeutet im Grunde genommen, daß sich eine beliebige Funktion durch eine Funktion $f_j \in V_j$ beliebig genau approximieren läßt, falls wir die Skala nur fein genug wählen. Die vierte Bedingung besagt umgangssprachlich formuliert, daß die Nullfunktion die einzige Funktion ist, die in einer beliebig groben Skala approximiert werden kann.

Eigenschaften der Skalierungsfunktion

Die Definition der Multi-Skalen-Analyse erlegt der Skalierungsfunktion ziemlich starke Einschränkungen auf. Darüber hinaus möchten wir, daß die Skalierungsfunktion einige weitere Eigenschaften besitzt. Sie sollte im Zeitbereich lokalisiert sein, das heißt, es soll ein schnelles Abklingen auf Null erfolgen, wenn $|t| \to \infty$. Vorzugsweise sollte die Skalierungsfunktion einen *kompakten Träger* haben, das heißt, sie sollte außerhalb eines beschränkten Intervalls gleich 0 sein. Diese Lokalisierungseigenschaft gewährleistet, daß die Koeffizienten $(s_{j,k})$ in den Approximationen (4.8) lokale Informationen über f enthalten. Man beachte, daß die von uns bis jetzt betrachteten Skalierungsfunktionen, das heißt, die Haarsche Skalierungsfunktion und die Hut-Skalierungsfunktion, jeweils einen kompakten Träger haben. Wir möchten außerdem, daß eine Skalierungsfunktion das Integral 1 hat:

$$(4.9) \qquad \int_{-\infty}^{\infty} \varphi(t)\,dt = 1.$$

Diese Bedingung hat mit den Approximationseigenschaften der Skalierungsfunktion zu tun; wir werden diesen Sachverhalt in Abschnitt 4.7 eingehender diskutieren.

Wir kommen jetzt auf die Definition der Multi-Skalen-Analyse zurück und sehen uns an, was das für die Skalierungsfunktion bedeutet. Die Skalierungsfunktion liegt in V_0 und gemäß Bedingung 1 liegt sie deswegen auch in V_1. Demnach läßt sie sich in der Form

$$(4.10) \qquad \varphi(t) = 2\sum_k h_k \varphi(2t - k)$$

für gewisse Koeffizienten (h_k) schreiben. Das ist die *Skalierungsgleichung*. Die Fourier-Transformation der Skalierungsgleichung liefert uns (vgl. Übungsaufgabe 4.10)

$$(4.11) \qquad \widehat{\varphi}(\omega) = H(\omega/2)\widehat{\varphi}(\omega/2),$$

wobei

$$H(\omega) = \sum_k h_k e^{-ik\omega}.$$

Setzt man $\omega = 0$ und verwendet man $\widehat{\varphi}(0) = 1$, dann ergibt sich $H(0) = \sum h_k = 1$, und wir sehen, daß sich die Koeffizienten (h_k) als Mittelungsfilter (averaging filter) interpretieren lassen. Tatsächlich werden wir später sehen, daß auch $H(\pi) = 0$ gilt und deswegen ist H ein Tiefpaßfilter. Man kann beweisen, daß die Skalierungsfunktion durch diesen Filter und durch die Normalisierung (4.9) eindeutig definiert ist. Wiederholt man (4.11) und verwendet man erneut $\widehat{\varphi}(0) = 1$, dann ergibt sich (unter gewissen Bedingungen) die *unendliche Produktformel*

$$(4.12) \qquad \widehat{\varphi}(\omega) = \prod_{j>0} H(\omega/2^j).$$

Die Eigenschaften der Skalierungsfunktion spiegeln sich in den Filterkoeffizienten (h_k) wider und Skalierungsfunktionen werden üblicherweise dadurch angegeben, daß man geeignete Filter konstruiert.

Beispiel 4.2. Der B-Spline der Ordnung N ist durch die Faltung

$$S_N(t) = \chi(t) * \ldots * \chi(t) \quad (N \text{ Faktoren})$$

definiert, wobei $\chi(t)$ die Haarsche Skalierungsfunktion bezeichnet. Der B-Spline ist für jedes N eine Skalierungsfunktion (Übungsaufgabe 4.7). Die verschobenen Funktionen $S_N(t - k)$ liefern $(N - 2)$-mal stetig differenzierbare, stückweise polynomiale Approximationen des Grades $N - 1$. Die Fälle $N = 1$ und $N = 2$ entsprechen der Haarschen Skalierungsfunktion bzw. der Hut-Skalierungsfunktion. Wird N größer, dann werden die Skalierungsfunktionen immer regulärer, breiten sich aber auch immer mehr aus. In Kapitel 8 beschreiben wir Wavelets, die von B-Spline-Skalierungsfunktionen abgeleitet sind. ☐

Beispiel 4.3. Die sinc-Funktion

$$\varphi(t) = \operatorname{sinc} t = \frac{\sin \pi t}{\pi t}$$

ist eine weitere Skalierungsfunktion (Übungsaufgabe 4.8). Sie hat keinen kompakten Träger und das Abklingen erfolgt für $|t| \to \infty$ sehr langsam. Aus diesem Grund wird sie in der Praxis nicht verwendet. Dennoch hat die Funktion interessante theoretische Eigenschaften.

Sie ist in einem gewissen Sinn dual zur Haarschen Skalierungsfunktion, denn ihre Fourier-Transformation ist durch die Boxfunktion

$$\widehat{\varphi}(\omega) = \begin{cases} 1 & \text{falls } -\pi < \omega < \pi, \\ 0 & \text{andernfalls,} \end{cases}$$

gegeben. Es folgt, daß jede Funktion in V_0 durch die Cut-off-Frequenz π bandbegrenzt ist. In der Tat besagt das Sampling Theorem (vgl. Abschnitt 2.7), daß jede derartige bandbegrenzte Funktion f aus ihren Sample-Werten $f(k)$ durch

$$f(t) = \sum_k f(k) \operatorname{sinc}(t - k)$$

rekonstruiert werden kann. Somit ist V_0 gleich der Menge der bandbegrenzten Funktionen mit der Cut-off-Frequenz π. Die Räume V_j werden durch Skalieren zur Menge der Funktionen, die auf die Frequenzbänder $(-2^j \pi, 2^j \pi)$ bandbegrenzt sind. ☐

Übungsaufgaben zu Abschnitt 4.2

Übungsaufgabe 4.5. Zeigen Sie: $f(t) \in V_j \Leftrightarrow f(2^{-j}t) \in V_0$.

Übungsaufgabe 4.6. Beweisen Sie: $\{\varphi_{j,k}\}_{k \in \mathbb{Z}}$ ist bei festem j eine Riesz-Basis von V_j, falls $\{\varphi_{0,k}\}_{k \subset \mathbb{Z}}$ eine Riesz-Basis von V_0 ist.

Übungsaufgabe 4.7. Leiten Sie die Skalierungsgleichung für die Spline-Skalierungsfunktionen ab. Hinweis: Man arbeite im Fourier-Bereich und zeige, daß $\varphi(\omega) = H(\omega/2)\widehat{\varphi}(\omega/2)$, wobei $H(\omega)$ 2π-periodisch ist. Berechnen Sie die Koeffizienten (h_k).

Übungsaufgabe 4.8. Leiten Sie die Skalierungsgleichung für die sinc-Skalierungsfunktion ab. Hinweis: Man gehe so vor, wie in der vorhergehenden Übungsausfgabe.

Übungsaufgabe 4.9. Zeigen Sie, daß sich die Skalierungsgleichung allgemeiner in folgender Form schreiben läßt:

$$\varphi_{j,k} = \sqrt{2}\sum_l h_l\varphi_{j+1,l+2k}.$$

Übungsaufgabe 4.10. Beweisen Sie die Identität (4.11).

Übungsaufgabe 4.11. Beweisen Sie (4.12). Wozu braucht man $\widehat{\varphi}(0) = 1$?

4.3 Wavelets und Detail-Räume

Wir gehen nun zur Beschreibung der Differenz zweier aufeinanderfolgender Approximationsräume bei der Multi-Skalen-Analyse über, das heißt, zu den Wavelet- oder Detail-Räumen.

Das Haar-Wavelet

Die Multi-Skalen-Analyse ermöglicht es uns, Funktionen auf unterschiedlichen Auflösungsebenen zu approximieren. Wir werfen nun einen Blick auf die Approximationen einer Funktion f in zwei aufeinanderfolgenden Skalen $f_0 \in V_0$ und $f_1 \in V_1$. Die Approximation f_1 enthält mehr Details als f_0 und die Differenz ist die Funktion

$$d_0 = f_1 - f_0.$$

Wir kommen wieder auf das Haar-System zurück. Hier ist f_1 stückweise konstant auf den Intervallen $(k/2, (k+1)/2)$ mit den Werten $s_{1,k}$ und f_0 ist stückweise konstant auf $(k, k+1)$ mit den Werten $s_{0,k}$, die paarweise Mittelwerte der $s_{1,k}$ sind:

$$(4.13) \qquad\qquad s_{0,k} = \frac{1}{2}(s_{1,2k} + s_{1,2k+1}).$$

In Abb. 4.5 haben wir die Funktion d_0 im Haar-System graphisch dargestellt. Sie ist stückweise konstant auf den Intervallen $(k/2, (k+1)/2)$ und somit ist $d_0 \in V_1$. Wir betrachten jetzt das Intervall $(k, k+1)$ in Abb. 4.6.

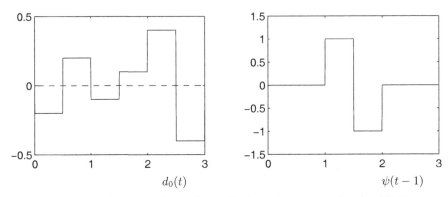

$d_0(t)$ $\psi(t-1)$

Abb. 4.5. Das Haar-Wavelet und eine Funktion im entsprechenden W_0 Raum

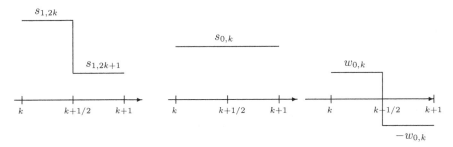

Abb. 4.6. Zwei Skalen und ihre Differenz

Wir bezeichnen den Wert von d_0 in der ersten Hälfte durch $w_{0,k}$. Der Wert in der zweiten Hälfte ist dann $-w_{0,k}$ und beide Werte messen die Abweichung der Funktion f_1 von ihrem Mittelwert auf dem Intervall $(k, k+1)$:

$$(4.14) \qquad w_{0,k} = \frac{1}{2}(s_{1,2k} - s_{1,2k+1}).$$

Das *Haar-Wavelet* wird definiert durch

$$\psi(t) = \begin{cases} 1 & \text{falls } 0 < t < 1/2, \\ -1 & \text{falls } 1/2 < t < 1, \\ 0 & \text{andernfalls.} \end{cases}$$

Mit diesem Wavelet können wir d_0 in der Form

$$(4.15) \qquad d_0(t) = \sum_k w_{0,k} \psi(t-k)$$

schreiben, mit *Wavelet-Koeffizienten* $(w_{0,k})$ in der Skala $1 = 2^0$. Wir möchten das auf eine beliebige Multi-Skalen-Analyse verallgemeinern und geben deswegen folgende

Definition 4.5. *Bei einer allgemeinen Multi-Skalen-Analyse wird eine Funktion ψ als Wavelet bezeichnet, falls der von den Funktionen $\psi(t - k)$ aufgespannte Detail-Raum W_0 ein Komplement von V_0 in V_1 ist. Hiermit ist gemeint, daß sich ein beliebiges $f_1 \in V_1$ in eindeutiger Form als $f_1 = f_0 + d_0$ schreiben läßt, wobei $f_0 \in V_0$ und $d_0 \in W_0$. Wir schreiben das formal als $V_1 = V_0 \oplus W_0$. Und schließlich wird von den Wavelets $\psi(t - k)$ gefordert, daß sie eine Riesz-Basis von W_0 bilden.* □

Man beachte, daß der Raum W_0 nicht eindeutig bestimmt sein muß. Jedoch ist die Zerlegung $f_1 = f_0 + d_0$ eindeutig, wenn das Wavelet ψ (der Raum W_0) gewählt wird. Fordern wir aber, daß W_0 orthogonal zu V_0 ist, dann ist W_0 eindeutig bestimmt.

Beispiel 4.4. Ist die Skalierungsfunktion die Hut-Funktion, dann kann das Wavelet als diejenige Funktion in V_1 gewählt werden, deren Werte bei halbierten ganzen Zahlen angenommen werden:

$$f(1/2) = 3/2,$$
$$f(1) = f(0) = -1/2,$$
$$f(3/2) = f(-1/2) = -1/4.$$

Dieses Wavelet ist in Abb. 4.7 dargestellt.[3] In diesem Fall sind V_0 und W_0 nicht orthogonal. □

Beispiel 4.5. Für die Skalierungsfunktion sinc aus Beispiel 4.3 wählen wir das Wavelet als

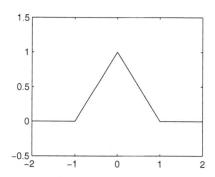 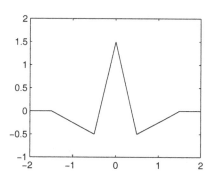

Abb. 4.7. Die Hut-Skalierungsfunktion und ein stückweise lineares Wavelet spannen W_0 auf

---

[3] Zusatz bei der Korrektur: Das Wavelet von Abb. 4.7 ist um den Wert $0,5$ nach rechts zu verschieben.

$$\widehat{\psi}(\omega) = \begin{cases} 1 & \text{falls } \pi < |\omega| < 2\pi, \\ 0 & \text{andernfalls.} \end{cases}$$

Man sieht leicht, daß $\psi(t) = 2\operatorname{sinc} 2t - \operatorname{sinc} t$ (vgl. Übungsaufgabe 4.14). Das ist das *sinc-Wavelet*. Der Raum W_0 ist die Menge derjenigen Funktionen, die auf das Frequenzband $\pi < |\omega| < 2\pi$ bandbegrenzt sind. Allgemeiner enthält der Raum W_j alle Funktionen, die auf das Frequenzband $2^j \pi < |\omega| < 2^{j+1}\pi$ bandbegrenzt sind. □

Eigenschaften von Wavelets

Die Funktion ψ wird mitunter *Mother-Wavelet* genannt. Wie bei der Skalierungsfunktion möchten wir, daß die Funktion ψ im Zeitbereich lokalisiert ist. Ebenso möchten wir, daß sie das Integral Null hat:

$$\int \psi(t)\, dt = 0$$

oder $\widehat{\psi}(0) = 0$. Somit muß die Funktion oszillieren. Das wird auch als Auslöschungseigenschaft bezeichnet und hängt damit zusammen, daß man mit Wavelets Differenzen darstellt. Die Function ψ ist eine Welle („wave") die sich schnell erhebt und wieder abklingt – hiervon rührt der Begriff „Wavelet" (Wellchen, kleine Welle). Wegen $\psi \in V_1$ läßt sich das Wavelet in der Form

$$(4.16) \qquad \psi(t) = 2\sum_k g_k \varphi(2t - k)$$

mit gewissen Koeffizienten (g_k) schreiben. Das ist die *Wavelet-Gleichung*. Eine Fourier-Transformation liefert

$$(4.17) \qquad \widehat{\psi}(\omega) = G(\omega/2)\widehat{\varphi}(\omega/2),$$

wobei

$$G(\omega) = \sum g_k e^{-ik\omega}.$$

Unter Verwendung von $\widehat{\varphi}(0) = 1$ und $\widehat{\psi}(0) = 0$ ergibt sich $G(0) = \sum g_k = 0$. Deswegen können die Koeffizienten (g_k) als Differenzfilter interpretiert werden. Später werden wir sehen, daß auch $G(\pi) = 1$ gilt und G tatsächlich ein Hochpaß-Filter ist. Das Wavelet und alle seine Eigenschaften werden bei vorgegebener Skalierungsfunktion durch diesen Filter bestimmt.

Die Wavelet-Zerlegung

Die gestreckten und verschobenen Wavelets $\psi_{j,k}$ sind definiert durch

$$\psi_{j,k}(t) = 2^{j/2}\psi(2^j t - k).$$

Die Detail-Räume W_j sind jeweils definiert als die Menge der Funktionen der Form

(4.18)
$$d_j(t) = \sum_k w_{j,k}\psi_{j,k}(t).$$

Aus Definition 4.5 folgt, daß sich ein beliebiges $f_1 \in V_1$ in der Form $f_1 = f_0+d_0$ zerlegen läßt, wobei $f_0 \in V_0$ eine Approximation in einer zweimal gröberen Skala ist und $d_0 \in W_0$ die verlorengegangenen Details enthält. Nach Skalieren mit 2^j sehen wir, daß sich eine Funktion $f_{j+1} \in V_{j+1}$ in der Form $f_{j+1} = f_j+d_j$ zerlegen läßt, wobei $f_j \in V_j$ und $d_j \in W_j$, das heißt, $V_{j+1} = V_j \oplus W_j$.

Beginnt man mit der feinsten Skala J und wiederholt die Zerlegung $f_{j+1} = f_j + d_j$ bis zu einem gewissen Level j_0, dann läßt sich jedes $f_J \in V_J$ in der Form

$$f_J(t) = d_{J-1}(t) + d_{J-2}(t) + \ldots + d_{j_0}(t) + f_{j_0}(t)$$
$$= \sum_{j=j_0}^{J-1} \sum_k w_{j,k}\psi_{j,k}(t) + \sum_k s_{j_0,k}\varphi_{j_0,k}(t)$$

schreiben. Das läßt sich mit Hilfe von Approximations- und Detail-Räumen folgendermaßen ausdrücken:

$$V_J = W_{J-1} \oplus W_{J-2} \oplus \ldots \oplus W_{j_0} \oplus V_{j_0}.$$

Unter Verwendung der vierten Bedingung in der Definition der Multi-Skalen-Analyse läßt sich zeigen, daß f_{j_0} in L^2 gegen 0 geht, wenn $j_0 \to -\infty$. Die dritte Bedingung impliziert nun, daß man – indem J immer größer gewählt wird – eine Funktion f durch Näherungsfunktionen f_J approximieren kann, die immer näher bei f liegen. Für $J \to \infty$ erhält man demnach die *Wavelet-Zerlegung* von f

(4.19)
$$f(t) = \sum_{j,k} w_{j,k}\psi_{j,k}(t).$$

Wir haben hiermit den Beweis dafür angedeutet, daß $\{\psi_{j,k}\}$ eine Basis für $L^2(\mathbb{R})$ ist. Jedoch bleibt noch die Aufgabe, den Hochpaß-Filter G zu konstruieren, der das Mother-Wavelet ψ bestimmt.

Die obige Zerlegung $V_{j+1} = V_j \oplus W_j$ ist nicht eindeutig. Es gibt viele Möglichkeiten, das Wavelet ψ und die entsprechenden Detail-Räume W_j zu wählen. Jede solche Wahl entspricht der Wahl eines Hochpaß-Filters G. Im nächsten Abschnitt beschreiben wir eine spezielle Wahl, die uns ein *orthogonales System* oder eine orthogonale Wavelet-Basis liefert. Das entspricht der Wahl von H und G als Filter in einer orthogonalen Filterbank. Danach diskutieren wir den allgemeineren Fall der *biorthogonalen Systeme*, die den biorthogonalen Filterbänken entsprechen.

Wir schließen den Abschnitt mit einem Blick auf die Wavelet-Zerlegung im Frequenzbereich. Wir hatten früher gesehen, daß es sich im Falle der Skalierungsfunktion sinc bei den Räumen V_j um Räume von Funktionen handelt, die auf die Frequenzbänder $(0, 2^j\pi)$ (tatsächlich $(-2^j\pi, 2^j\pi)$) bandbegrenzt sind, aber wir ignorieren negative Frequenzen, um die Diskussion zu vereinfachen). Die Detail-Räume sind Mengen von Funktionen, die auf die Frequenzbänder $(2^j\pi, 2^{j+1}\pi)$ bandbegrenzt sind. Die Wavelet-Zerlegung läßt sich in diesem Fall als Zerlegung des Frequenzbereiches auffassen (vgl. Abb. 4.8). Für andere Wavelets sollte diese Frequenz-Zerlegung approximativ interpretiert werden, denn die Wavelets $\psi_{j,k}$ haben Frequenzinhalte außerhalb des Bandes $(2^j\pi, 2^{j+1}\pi)$. Mit anderen Worten: Die Frequenzbänder überlappen. Die Größe der Überlappung hängt vom Mother-Wavelet ab.

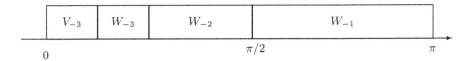

Abb. 4.8. Die Wavelet-Zerlegung im Frequenzbereich

Übungsaufgaben zu Abschnitt 4.3

Übungsaufgabe 4.12. Zeigen Sie, daß das Wavelet in Beispiel 4.4 die Differenz von V_1 und V_0 aufspannt.

Übungsaufgabe 4.13. Man zeige: Jede Funktion $f_{j+1} \in V_{j+1}$ läßt sich für $j \neq 0$ in der Form $f_{j+1} = f_j + d_j$ schreiben, wobei $d_j \in W_j$. (Für $j = 0$ ist die Aussage per Definition richtig.)

Übungsaufgabe 4.14. Zeigen Sie, daß $\psi(t) = \operatorname{sinc} 2t - \operatorname{sinc} t$, falls ψ das sinc-Wavelet von Beispiel 4.3 ist. Hinweis: Man arbeite im Fourier-Bereich.

4.4 Orthogonale Systeme

In diesem Abschnitt setzen wir voraus, daß der Wavelet-Raum W_0 orthogonal zum Approximationsraum V_0 ist. Das bedeutet, daß wir eine orthogonale Zerlegung von V_1 in $V_1 = V_0 \oplus W_0$ erhalten und schließlich bekommen wir eine orthonormale Wavelet-Basis in $L^2(\mathbb{R})$.

Orthogonalitätsbedingungen

Die erste Forderung lautet, daß die Skalierungsfunktionen $\varphi(t-k)$ eine orthogonale Basis von V_0 bilden, das heißt,

$$\int_{-\infty}^{\infty} \varphi(t-k)\varphi(t-l)\,dt = \delta_{k,l}.$$

Unter Verwendung der Skalierungsgleichung (4.10) können wir diese Forderung in eine Bedingung für die Koeffizienten (h_k) transformieren (vgl. Übungsaufgabe 4.15):

(4.20) $$\sum_l h_l h_{l+2k} = \delta_k/2.$$

Wir fordern auch, daß die Wavelets $\psi(t-k)$ eine orthogonale Basis von W_0 bilden:

$$\int_{-\infty}^{\infty} \psi(t-k)\psi(t-l)\,dt = \delta_{k,l}.$$

Mit Hilfe der Koeffizienten (g_k) ausgedrückt, wird das zu

(4.21) $$\sum_l g_l g_{l+2k} = \delta_k/2.$$

Und schließlich müssen die Funktionen in V_0 orthogonal zu den Funktionen in W_0 sein, was formal als $V_0 \perp W_0$ geschrieben wird. (Abb. 4.9).
Dann müssen die Skalierungsfunktionen $\varphi(t-k)$ orthogonal zu jedem Wavelet $\psi(t-l)$ sein:

$$\int_{-\infty}^{\infty} \varphi(t-k)\psi(t-l)\,dt = 0 \quad \text{für alle } k \text{ und } l.$$

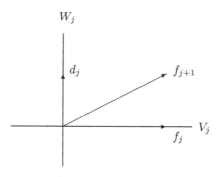

Abb. 4.9. $V_j \perp W_j$

Für die Filterkoeffizienten bedeutet das Folgendes (vgl. Übungsaufgabe 4.17):

$$(4.22) \qquad \sum_m h_{m+2k} g_{m+2l} = 0.$$

Alle oben angegebenen Orthogonalitätsbedingungen lassen sich in eine beliebige Skala transponieren. Unter Verwendung der Skalarproduktschreibweise haben wir

$$\langle \varphi_{j,k}, \varphi_{j,l} \rangle = \delta_{k,l},$$
$$\langle \psi_{j,k}, \psi_{j,l} \rangle = \delta_{k,l},$$
$$\langle \varphi_{j,k}, \psi_{j,l} \rangle = 0.$$

Mit anderen Worten: $\{\varphi_{j,k}\}$ ist eine orthonormale Basis von V_j, $\{\psi_{j,k}\}$ ist eine orthonormale Basis von W_j und $V_j \perp W_j$. Die Approximation $f_j \in V_j$ einer Funktion f kann als die orthogonale Projektion auf V_j gewählt werden, die wir mit P_j bezeichnen. Die Approximation läßt sich folgendermaßen berechnen:

$$f_j = P_j f = \sum_k \langle f, \varphi_{j,k} \rangle \varphi_{j,k}.$$

Das Detail d_j wird zur Projektion von f auf W_j:

$$d_j = Q_j f = \sum_k \langle f, \psi_{j,k} \rangle \psi_{j,k}.$$

Ausgedrückt durch die Filterfunktionen $H(\omega)$ und $G(\omega)$ werden die Beziehungen (4.20) - (4.22) zu

$$(4.23) \qquad \begin{aligned} |H(\omega)|^2 + |H(\omega + \pi)|^2 &= 1, \\ |G(\omega)|^2 + |G(\omega + \pi)|^2 &= 1, \\ H(\omega)\overline{G(\omega)} + H(\omega + \pi)\overline{G(\omega + \pi)} &= 0. \end{aligned}$$

Wir werden im nächsten Abschnitt sehen, daß das die Bedingungen dafür sind, daß $\sqrt{2}\,H$ und $\sqrt{2}\,G$ Hoch- und Tiefpaß-Filter in einer orthogonalen Filterbank[4] sind. Das ist eine entscheidende Feststellung, denn die Konstruktion von orthogonalen Skalierungsfunktionen erweist sich als äquivalent zur Konstruktion von orthogonalen Filterbänken.

Beispiel 4.6. Wir geben nun ein konkretes Beispiel dafür an, wie man orthogonale Wavelets mit Hilfe einer orthogonalen Filterbank konstruiert. Wir beginnen mit dem Daubechies-Produktfilter mit $N = 5$ (vgl. Abschnitt 3.5). Wir verwenden danach die orthogonale Faktorisierung der Minimalphase, und das liefert uns die sogenannte orthogonale Daubechies-10-Filterbank. Die entsprechende Skalierungsfunktion und das Wavelet können nun mit Hilfe des in Kapitel 8 erläuterten *Kaskadenalgorithmus* numerisch berechnet werden.

---

[4] Man beachte, daß der Faktor $\sqrt{2}$ in den Filtern von Kapitel 3 enthalten ist. Die rechten Seiten von (4.23) werden dann durch 2 ersetzt.

Wir haben die Daubechies-10-Skalierungsfunktion und das Mother-Wavelet in Abb. 4.10 graphisch) dargestellt. Man beachte, daß diese glatter sind als die Hut-Skalierungsfunktion und das entsprechende Wavelet (und natürlich sind sie glatter als im Haar-Fall). Der Preis hierfür ist die größere Trägerbreite. In Kapitel 8 werden wir die meisten Wavelet-Basen beschreiben, die bei Anwendungen auftreten. □

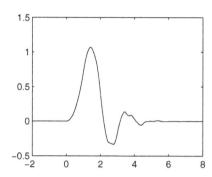 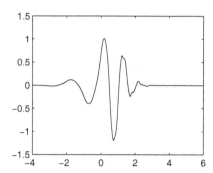

Abb. 4.10. Daubechies-10-Skalierungsfunktion und Wavelet

Charakterisierungen im orthonormalen Fall

Wir werden jetzt sehen, daß eine orthogonale Filterbank nicht immer zu einer orthonormalen Wavelet-Basis führt.

Zunächst muß das unendliche Produkt (4.12) konvergieren. Falls es konvergiert, muß es keine Funktion in L^2 erzeugen. Man betrachte zum Beispiel den einfachsten Tiefpaß-Filter $h_k = \delta_k$, den Einheitsfilter. Zusammen mit dem Hochpaß-Filter $g_k = \delta_{k-1}$ ergibt das eine orthogonale Filterbank. Diese heißt *Lazy*-Filterbank, denn sie tut nichts weiter, als das Eingabesignal in Samples aufzuteilen, die geradzahlig bzw. ungeradzahlig indiziert sind. Die Filterfunktion ist $H(\omega) = 1$ und die unendliche Produktformel impliziert $\widehat{\varphi}(\omega) = 1$. Die Skalierungsfunktion ist dann die Diracsche delta-Distribution, die nicht einmal eine Funktion ist. Sogar dann, wenn das Produkt eine Funktion in L^2 liefert, müssen wir sicherstellen, daß auch die Bedingungen 3 und 4 in der Definition der Multi-Skalen-Analyse (Definition 4.4) erfüllt sind. Eine zusätzliche einfache hinreichende Bedingung dafür, daß der – die Skalierungsfunktion bestimmende – Tiefpaß-Filter $H(\omega)$ die Bedingungen 3 und 4 erfüllt, besteht in Folgendem: $H(\omega) > 0$ für $|\omega| \leq \pi/2$ (und $\hat{\varphi}(0) = 1$).

Wir geben jetzt exakte Charakterisierungen für Skalierungsfunktionen und Wavelets in einer orthogonalen Multi-Skalen-Analyse. Alle Gleichungen sollen fast überall gelten. Der Leser, der mit diesem Begriff nicht vertraut ist, möge „fast überall" folgendermaßen definieren: „überall mit Ausnahme einer endlichen Anzahl von Punkten".

Satz 4.1. *Gelten die folgenden drei Bedingungen (fast überall) für eine Funktion φ mit $\|\varphi\| = 1$, so ist das äquivalent zu der Aussage, daß φ eine Skalierungsfunktion für eine orthogonale Multi-Skalen-Analyse von $L^2(\mathbb{R})$ ist.*

1. $\displaystyle\sum_k |\widehat{\varphi}(\omega + 2\pi k)|^2 = 1,$

2. $\displaystyle\lim_{j \to \infty} \widehat{\varphi}(2^{-j}\omega) = 1,$

3. $\widehat{\varphi}(2\omega) = H(\omega)\widehat{\varphi}(\omega)$ *für eine 2π-periodische Funktion H.*

Die erste Bedingung ist äquivalent zur Orthonormalität der ganzzahligen Translate $\varphi(t-k)$. Bei der zweiten Bedingung handelt es sich im Wesentlichen um die Approximationseigenschaft der Multi-Skalen-Analyse und die dritte Eigenschaft ist die Skalierungsgleichung.

Satz 4.2. *Gelten die folgenden drei Bedingungen (fast überall) für eine Funktion ψ mit $\|\psi\| = 1$, so ist das äquivalent zu der Aussage, daß die Funktion eine orthonormale Basis $\psi_{j,k}$ hat, die mit einer Multi-Skalen-Analyse von $L^2(\mathbb{R})$ zusammenhängt.*

1. $\displaystyle\sum_j \left|\widehat{\psi}(2^j\omega)\right|^2 = 1,$

2. $\displaystyle\sum_{j \geq 0} \widehat{\psi}(2^j\omega)\overline{\widehat{\psi}(2^j(\omega + 2k\pi))} = 0$ *für alle ungeraden ganzen Zahlen k,*

3. $\displaystyle\sum_{j \geq 1}\sum_k \left|\widehat{\psi}(2^j(\omega + 2k\pi))\right|^2 = 1.$

Die ersten beiden Bedingungen sind äquivalent zur orthonormalen Basis-Eigenschaft von $\psi_{j,k}$ in $L^2(\mathbb{R})$ und die dritte Eigenschaft bezieht sich auf eine entsprechende Skalierungsfunktion. Allgemein gesprochen bedeutet die erste Bedingung, daß die Linearkombinationen von $\psi_{j,k}$ dicht in $L^2(\mathbb{R})$ sind, und die zweite Bedingung bezieht sich auf die Orthogonalität.

Übungsaufgaben zu Abschnitt 4.4

Übungsaufgabe 4.15. Beweisen Sie: Die Bedingung für die Orthogonalität der Skalierungsfunktionen $\varphi(t - k)$ impliziert (4.20). Hinweis: Zunächst kann man $l = 0$ voraussetzen (warum?). Danach zeige man, daß

$$\delta_k = \int_{-\infty}^{\infty} \varphi(t)\varphi(t-k)\, dt$$

$$= \int_{-\infty}^{\infty} \left(2 \sum_l h_l \varphi(2t-l) \right) \left(2 \sum_m h_m \varphi(2t-2k-m) \right) dt$$

$$= 4 \sum_{l,m} \int_{-\infty}^{\infty} h_l h_m \varphi(2t-l)\varphi(2t-2k-m)\, dt$$

$$= 2 \sum_{l,m} \int_{-\infty}^{\infty} h_l h_m \varphi(t-l)\varphi(t-2k-m)\, dt$$

$$= 2 \sum_l h_l h_{l-2k}.$$

Übungsaufgabe 4.16. Zeigen Sie: (4.20) ist äquivalent zur ersten Gleichung in (4.23).

Übungsaufgabe 4.17. Beweisen Sie: Die Bedingung, daß die Skalierungs-funktionen $\varphi(t-k)$ orthogonal zu den Wavelets $\psi(t-k)$ sind, impliziert (4.22).

4.5 Die diskrete Wavelet-Transformation

Wir beschreiben nun, wie man die Skalierungs- und Wavelet-Koeffizienten $(s_{j_0,k})$ und $(w_{j,k})$ in der Wavelet-Zerlegung

$$f_J(t) = \sum_{j=j_0}^{J-1} \sum_k w_{j,k} \psi_{j,k}(t) + \sum_k s_{j_0,k} \varphi_{j_0,k}(t)$$

berechnet. Die Berechnung der Koeffizienten erfolgt mit Hilfe von Filterbänken. Der Einfachheit halber leiten wir diese Beziehung zwischen Multi-Skalen-Analysen und Filterbänken im orthogonalen Fall ab. Der biorthogonale Fall ist ganz ähnlich, aber die Notation wird etwas unhandlicher.

Wir nehmen an, daß wir die Skalierungskoeffizienten $s_{J,k} = \langle f, \varphi_{J,k} \rangle$ einer Funktion f in einer gewissen feinsten Skala J kennen. In der Praxis stehen uns üblicherweise nur Sample-Werte $f(2^{-J}k)$ zur Verfügung und wir müssen die Skalierungskoeffizienten numerisch aus diesen Sample-Werten berechnen. Dieser Vorgang ist unter der Bezeichnung *Prä-Filterung* (pre-filtering) bekannt. Es ist eine übliche Praxis, die Skalierungskoeffizienten einfach durch die Sample-Werte zu ersetzen. Der dadurch entstehende Effekt und weitere Aspekte der Prä-Filterung werden in Kapitel 15 behandelt.

Die Forward-Wavelet-Transformation

Angenommen, wir kennen die Skalierungskoeffizienten $s_{j+1,k} = \langle f, \varphi_{j+1,k} \rangle$ in einer gewissen Skala $j+1$. Wir teilen f_{j+1} in eine gröbere Approximation f_j

und Details d_j auf, das heißt,

$$f_{j+1}(t) = f_j(t) + d_j(t),$$

oder schreiben auf explizitere Weise

(4.24) $$\sum_k s_{j+1,k}\varphi_{j+1,k}(t) = \sum_k s_{j,k}\varphi_{j,k}(t) + \sum_k w_{j,k}\psi_{j,k}(t),$$

wobei $s_{j,k} = \langle f, \varphi_{j,k}\rangle$ und $w_{j,k} = \langle f, \psi_{j,k}\rangle$. Skalarmultiplikation auf beiden Seiten mit $\varphi_{j,l}$ liefert uns zusammen mit den Orthogonalitätsbedingungen für die Skalierungsfunktionen und Wavelets (Übungsaufgabe 4.18)

$$s_{l,k} = \sum_l s_{l+1,j}\langle\varphi_{l+1,j}, \varphi_{l,k}\rangle.$$

Aus der Skalierungsgleichung

$$\varphi_{j,k} = \sqrt{2}\sum_m h_m\varphi_{j+1,m+2k}$$

erhalten wir

$$\langle\varphi_{j+1,l}, \varphi_{j,k}\rangle = \sqrt{2}\sum_m h_m\langle\varphi_{j+1,l}, \varphi_{j+1,m+2k}\rangle = \sqrt{2}\,h_{l-2k}.$$

Mit einer ähnlichen Rechnung für die Wavelet-Koeffizienten leitet man folgende Formeln ab:

(4.25) $$s_{j,k} = \sqrt{2}\sum_l h_{l-2k}s_{j+1,l} \quad\text{und}\quad w_{j,k} = \sqrt{2}\sum_l g_{l-2k}s_{j+1,l}.$$

Die Skalierungs- und Wavelet-Koeffizienten in einer gröberen Skala werden demnach berechnet, indem man die Skalierungskoeffizienten in der feineren Skala mit Hilfe der Tiefpaß- und Hochpaß-Filter $\sqrt{2}\,H$ und $\sqrt{2}\,G$ durch den Analyseteil der orthogonalen Filterbank schickt.

Wiederholt man das rekursiv, indem man mit den Koeffizienten $(s_{J,k})$ beginnt, dann erhält man die Wavelet-Koeffizienten $(w_{j,k})$ für $j = j_0, \ldots, J - 1$ und die Skalierungskoeffizienten $(s_{j_0,k})$ in der gröbsten Skala. Dieses rekursive Schema wird als *Fast Forward Wavelet Transform*[5] bezeichnet. Beginnt man mit N Skalierungskoeffizienten in der feinsten Skala, dann beläuft sich der Rechenaufwand auf ungefähr $4MN$ Operationen, wobei M die Filterlänge bezeichnet. Man vergleiche das mit dem FFT-Algorithmus, bei dem der Rechenaufwand $2N \log N$ Operationen beträgt.

---

[5] Man verwendet auch die Bezeichnungen „Vorwärts-Wavelet-Transformation" und „schnelle Vorwärts-Wavelet-Transformation".

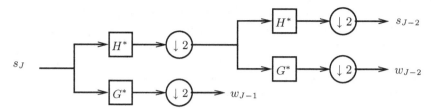

Abb. 4.11. Die Forward-Wavelet-Transformation als iterierte Filterbank

Die Forward-Wavelet-Transformation läuft auf die Berechnung von

$$f(t) \approx f_J(t) = \sum_{j=j_0}^{J-1} \sum_{k} \langle f, \psi_{j,k} \rangle \psi_{j,k}(t) + \sum_{k} \langle f, \varphi_{j_0,k} \rangle \varphi_{j_0,k}(t)$$

hinaus. Für $j_0 \to -\infty$ und $J \to \infty$ ergibt sich

$$f(t) = \sum_{j,k} \langle f, \psi_{j,k} \rangle \psi_{j,k}(t)$$

als Entwicklung von f in der ON-Basis $\{\psi_{j,k}\}$.

Die inverse Wavelet-Transformation

Natürlich gibt es auch eine inverse Wavelet-Transformation. Da wir $s_j = (s_{j,k})_{k \in \mathbb{Z}}$ und $w_j = (w_{j,k})_{k \in \mathbb{Z}}$ aus s_{j+1} mit Hilfe des Analyseteils einer Filterbank berechnen, läßt sich s_{j+1} rekonstruieren, indem man s_j und w_j in den Syntheseteil eingibt:

$$s_{j+1,k} = \sqrt{2} \sum_{l} (h_{k-2l} s_{j,l} + g_{k-2l} w_{j,l}).$$

Aus s_{j_0} und w_{j_0} können wir demnach s_{j_0+1} rekonstruieren und das liefert zusammen mit w_{j_0+1} den Wert s_{j_0+2} und so weiter, bis wir schließlich s_J erhalten. Das ist die *Fast Inverse Wavelet Transform* (vgl. Abb. 4.12).

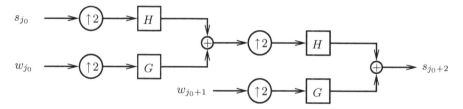

Abb. 4.12. Die inverse Wavelet-Transformation als iterierte Filterbank

Man beachte, daß wir weder die Skalierungsfunktion noch das Wavelet explizit in der Vorwärts-Wavelet-Transformation oder in der inversen Wavelet-Transformation verwenden, sondern lediglich die orthogonale Filterbank.

Zur Rekonstruktion der Sample-Werte $f(2^{-J}k)$ aus den Feinskalen-Koeffizienten $(s_{J,k})$ müssen wir einen *Post-Filterungs*-Schritt durchführen. Wir diskutieren diesen Schritt in Kapitel 15.

Übungsaufgaben zu Abschnitt 4.5

Übungsaufgabe 4.18. Beweisen Sie alle Schritte in der Ableitung der Filtergleichungen (4.25).

Übungsaufgabe 4.19. Es sei vorausgesetzt, daß $\{\psi_{j,k}\}$ eine orthonormale Basis von $L^2(R)$ ist. Man setze $\Psi(t) = 2^{1/2}\psi(2t)$, so daß $\Psi_{j,k} = \psi_{j+1,2k}$. Zeigen Sie: $\{\Psi_{j,k}\}$ ist ein orthonormales System, jedoch keine (Riesz-) Basis. Hinweis: Das System läßt mindestens alle $\psi_{j,2l+1}$ aus. Das heißt, alle Funktionen $\psi_{j,2l+1}$ haben die Koeffizienten 0. Warum ist das ein Widerspruch dazu, daß $\{\Psi_{j,k}\}$ eine Riesz-Basis ist?

4.6 Biorthogonale Systeme

Biorthogonalitätsbedingungen

In einem biorthogonalen System haben wir auch eine *duale* Multi-Skalen-Analyse mit Skalierungsfunktionen $\widetilde{\varphi}_{j,k}$ und Wavelets $\widetilde{\psi}_{j,k}$ sowie mit den entsprechenden Approximations- und Detail-Räumen $\widetilde{V}_j$ und $\widetilde{W}_j$. Die duale Skalierungsfunktion $\widetilde{\varphi}$ erfüllt die Skalierungsgleichung

$$(4.26) \qquad \widetilde{\varphi}(t) = 2 \sum \widetilde{h}_k \widetilde{\varphi}(2t - k).$$

Für das duale Mother-Wavelet gilt die duale Wavelet-Gleichung

$$(4.27) \qquad \widetilde{\psi}(t) = 2 \sum \widetilde{g}_k \widetilde{\varphi}(2t - k).$$

Wir haben die folgenden *Biorthogonalitätsbedingungen* für die Skalierungsfunktionen und Wavelets:

$$\langle \varphi_{j,k}, \widetilde{\varphi}_{j,l} \rangle = \delta_{k,l},$$
$$\langle \psi_{j,k}, \widetilde{\psi}_{j,l} \rangle = \delta_{k,l},$$
$$\langle \varphi_{j,k}, \widetilde{\psi}_{j,l} \rangle = 0,$$
$$\langle \widetilde{\varphi}_{j,k}, \psi_{j,l} \rangle = 0.$$

Die beiden letztgenannten Bedingungen bedeuten, daß $V_j \perp \widetilde{W}_j$ bzw. $\widetilde{V}_j \perp W_j$ (vgl. Abb. 4.13). Nach einigen Rechnungen, die den Rechnungen im orthogo-

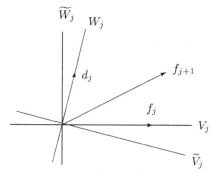

Abb. 4.13. $V_j \perp \widetilde{W}_j$ and $\widetilde{V}_j \perp W_j$

nalen Fall ähneln, erhalten wir die folgenden Biorthogonalitätsbedingungen für die Filterfunktionen $H(\omega), \widetilde{H}(\omega), G(\omega)$ and $\widetilde{G}(\omega)$:

(4.28)
$$
\begin{aligned}
\widetilde{H}(\omega)\overline{H(\omega)} + \widetilde{H}(\omega+\pi)\overline{H(\omega+\pi)} &= 1, \\
\widetilde{G}(\omega)\overline{G(\omega)} + \widetilde{G}(\omega+\pi)\overline{G(\omega+\pi)} &= 1, \\
\widetilde{G}(\omega)\overline{H(\omega)} + \widetilde{G}(\omega+\pi)\overline{H(\omega+\pi)} &= 0, \\
\widetilde{H}(\omega)\overline{G(\omega)} + \widetilde{H}(\omega+\pi)\overline{G(\omega+\pi)} &= 0.
\end{aligned}
$$

Führen wir die *Modulationsmatrix*

$$
M(\omega) = \begin{bmatrix} H(\omega) & H(\omega+\pi) \\ G(\omega) & G(\omega+\pi) \end{bmatrix}
$$

ein und verfahren in ähnlicher Weise mit $\widetilde{M}(\omega)$, dann können wir Gleichung (4.28) in der folgenden kompakteren Form schreiben:

$$
\overline{M(\omega)}\widetilde{M}(\omega)^{\mathrm{T}} = I.
$$

Ebenso gilt auch $\widetilde{M}(\omega)^{\mathrm{T}}\overline{M(\omega)} = I$, und in ausgeschriebener Form ergibt das

(4.29)
$$
\begin{aligned}
\widetilde{H}(\omega)\overline{H(\omega)} \quad + \widetilde{G}(\omega)\overline{G(\omega)} \quad &= 1, \\
\widetilde{H}(\omega)\overline{H(\omega+\pi)} + \widetilde{G}(\omega)\overline{G(\omega+\pi)} &= 0.
\end{aligned}
$$

Deswegen lassen sich die vier Gleichungen in (4.28) auf zwei Gleichungen reduzieren. Die letztgenannten Gleichungen sind die perfekten Rekonstruktionsbedingungen (3.8)-(3.9) für Filterbänke, transformiert in den Fourier-Bereich (Übungsaufgabe 4.21). Das bedeutet, daß $\sqrt{2}\,H$, $\sqrt{2}\,\widetilde{H}$, $\sqrt{2}\,G$ und $\sqrt{2}\,\widetilde{G}$ Hoch- und Tiefpaß-Filter in einer biorthogonalen Filterbank sind.

Wir leiten nun einen Zusammenhang zwischen dem Tiefpaß-Filter und dem Hochpaß-Filter ab. Die Cramersche Regel liefert (vgl. Übungsaufgabe 4.22)

(4.30)
$$
\widetilde{H}(\omega) = \frac{\overline{G(\omega+\pi)}}{\Delta(\omega)} \quad \text{und} \quad \widetilde{G}(\omega) = -\frac{\overline{H(\omega+\pi)}}{\Delta(\omega)},
$$

wobei $\Delta(\omega) = \det M(\omega)$. In der Praxis möchten wir oft endliche Filter haben, die Wavelets und Skalierungsfunktionen mit kompaktem Träger entsprechen. Man kann dann zeigen, daß $\Delta(\omega)$ die Form $\Delta(\omega) = Ce^{-Li\omega}$ für eine gewisse ungerade ganze Zahl L und eine Konstante C mit $|C| = 1$ hat. Unterschiedliche Auswahlmöglichkeiten liefern im Wesentlichen das gleiche Wavelet: der einzige Unterschied ist eine ganzzahlige Translation und die Konstante C. Eine übliche Wahl ist $C = 1$ und $L = 1$; diese liefert die *Alternating-Flip*-Konstruktion (vgl. Gleichung 3.10):

$$(4.31) \qquad G(\omega) = -e^{-i\omega}\overline{\widetilde{H}(\omega + \pi)} \quad \text{und} \quad \widetilde{G}(\omega) = -e^{-i\omega}\overline{H(\omega + \pi)},$$

oder, durch die Filterkoeffizienten ausgedrückt,

$$g_k = (-1)^k \widetilde{h}_{1-k} \quad \text{und} \quad \widetilde{g}_k = (-1)^k h_{1-k}.$$

Das stellt uns vor die Aufgabe, geeignete Tiefpaß-Filter zu konstruieren, die die erste Gleichung in (4.29) erfüllen. Man verifiziert dann leicht (vgl. Übungsaufgabe 4.23), daß die verbleibenden Gleichungen erfüllt sind.

Wir hatten oben erwähnt, daß endliche Filter Wavelets und Skalierungsfunktionen entsprechen, die einen kompakten Träger haben. Diese Aussage beruht auf dem *Satz von Paley-Wiener*. Betrachtet man diese Aussage als Tatsache und setzt man voraus, daß die Tiefpaß-Filter die Längen M und $\widetilde{M}$ haben, dann läßt sich unmittelbar zeigen, daß φ und $\widetilde{\varphi}$ außerhalb von Intervallen der Längen $M - 1$ und $\widetilde{M} - 1$ gleich Null sind (Übungsaufgabe 4.24). Außerdem haben sowohl ψ als auch $\widetilde{\psi}$ Träger auf Intervallen der Länge $(M + \widetilde{M} - 2)/2$.

Die diskrete biorthogonale Wavelet-Transformation

Die Berechnung der Wavelet-Koeffizienten in einem biorthogonalen System weicht nicht sehr vom orthogonalen Fall ab: Der einzige Unterschied besteht darin, daß wir eine biorthogonale Filterbank verwenden. Die Ableitung ist im Wesentlichen dieselbe und wird deswegen dem Leser als Übungsaufgabe überlassen.

Im biorthogonalen Fall beginnen wir mit der folgenden Approximation in der Skala 2^{-J}:

$$f_J(t) = \sum_k \langle f, \widetilde{\varphi}_{J,k} \rangle \varphi_{J,k}(t).$$

Man beachte, daß wir die inneren Produkte mit den dualen Skalierungsfunktionen $\widetilde{\varphi}_{J,k}$ verwenden. Hierbei handelt es sich um eine bezüglich $\widetilde{V}_J^{\perp}$ nichtorthogonale Projektion auf V_J.

Eine Approximation f_{j+1} kann in zwei Teile zerlegt werden, nämlich in eine gröbere Approximation $f_j \in V_j$ und in Details $d_j \in W_j$:

$$f_{j+1}(t) = f_j(t) + d_j(t) = \sum_k s_{j,k} \varphi_{j,k}(t) + \sum_k w_{j,k} \psi_{j,k}(t).$$

Die Skalierungskoeffizienten $s_{j,k} = \langle f, \widetilde{\varphi}_{j,k} \rangle$ und die Wavelet-Koeffizienten $w_{j,k} = \langle f, \widetilde{\psi}_{j,k} \rangle$ werden dadurch berechnet, daß man die Skalierungskoeffizienten $s_{j+1,k} = \langle f, \widetilde{\varphi}_{j+1,k} \rangle$ in die biorthogonale Filterbank einspeist:

$$(4.32) \qquad s_{j,l} = \sqrt{2} \sum_l \widetilde{h}_{l-2k} s_{j+1,k} \quad \text{und} \quad w_{j,l} = \sqrt{2} \sum_l \widetilde{g}_{l-2k} s_{j+1,k}.$$

Wiederholt man dieses Verfahren rekursiv, indem man mit s_J beginnt und bis zu einem gewissen gröbsten Level j_0 weiter macht, dann ergibt sich

$$(4.33) \qquad f_J(t) = \sum_{j=j_0}^{J-1} \sum_k \langle f, \widetilde{\psi}_{j,k} \rangle \psi_{j,k}(t) + \sum_k \langle f, \widetilde{\varphi}_{j_0,k} \rangle \varphi_{j_0,k}(t).$$

Für $j_0 \to -\infty$ und $J \to \infty$ erhalten wir

$$f(t) = \sum_{j,k} \langle f, \widetilde{\psi}_{j,k} \rangle \psi_{j,k}(t).$$

Zur Rekonstruktion der Feinskalen-Koeffizienten s_J speisen wir rekursiv die Skalierungskoeffizienten s_j und die Wavelet-Koeffizienten w_j in den Synthese-Teil der biorthogonalen Filterbank ein:

$$s_{j+1,k} = \sqrt{2} \sum_l (h_{k-2l} s_{j,l} + g_{k-2l} w_{j,l}).$$

Übungsaufgaben zu Abschnitt 4.6

Übungsaufgabe 4.20. Leiten Sie eine der Gleichungen in (4.28) ab und verwenden Sie dabei die gleiche Art von Rechnungen wie im orthogonalen Fall. Beginnen Sie damit, die entsprechende Identität für die Filterkoeffizienten abzuleiten.

Übungsaufgabe 4.21. Zeigen Sie, daß (4.29) die perfekten Rekonstruktionsbedingungen für Filterbänke sind.

Übungsaufgabe 4.22. Beweisen Sie (4.30).

Übungsaufgabe 4.23. Zeigen Sie, daß die Alternating-Flip-Konstruktion unter der Voraussetzung zu einer biorthogonalen Filterbank führt, daß die erste Gleichung in (4.29) erfüllt ist.

Übungsaufgabe 4.24. Die Tiefpaß-Filter seien FIR-Filter mit den Filterlängen M und $\widetilde{M}$. Es sei vorausgesetzt, daß φ und $\widetilde{\varphi}$ außerhalb von $[0, A]$ und $[0, \widetilde{A}]$ gleich Null sind. Mit Hilfe der Skalierungsgleichungen zeige man, daß $A = M - 1$ und $\widetilde{A} = \widetilde{M} - 1$. Danach verwende man die Wavelet-Gleichungen, um zu zeigen, daß sowohl ψ als auch $\widetilde{\psi}$ außerhalb von $[0, (M + \widetilde{M} - 2)/2]$ gleich 0 (Null) sind.

Übungsaufgabe 4.25. Leiten Sie die Filtergleichungen (4.32) ab.

4.7 Approximation und verschwindende Momente

In diesem Abschnitt konzentrieren wir uns auf die Approximationseigenschaften von Skalierungsfunktionen und Wavelets. In enger Beziehung hierzu steht die Eigenschaft von Wavelets, verschwindende Momente zu haben; diese Eigenschaft verleiht den Wavelets die Fähigkeit, Signale zu komprimieren.

Approximationseigenschaften von Skalierungsfunktionen

Die Skalierungsfunktionen werden dazu verwendet, allgemeine Funktionen zu approximieren. Deswegen müssen sie gewisse Approximationseigenschaften besitzen.

Es stellt sich heraus (vgl. auch Kapitel 12), daß die Skalierungsfunktion φ die Approximationseigenschaft

$$\|f - P_j f\| \leq C\, 2^{-j\alpha} \|D^\alpha f\|$$

für $\alpha \leq N - 1$ hat, falls Polynome bis zum Grad $N - 1$ reproduziert werden:

$$(4.34) \qquad \sum_k k^\alpha \varphi(t - k) = t^\alpha \text{ für } \alpha = 0, \ldots, N - 1.$$

Das bedeutet[6], daß $t^\alpha \in V_j$ für jedes j und $\alpha = 0, \ldots, N - 1$. Die ganze Zahl N ist der *Grad* der Multi-Skalen-Analyse.

Verschwindende Momente

Die polynomreproduzierende Eigenschaft (4.34) ist vielleicht an sich nicht so interessant; sie wird jedoch deswegen interessant, weil sie mit denjenigen dualen Wavelets zusammenhängt, die verschwindende Momente haben. Ist $t^\alpha \in V_j$, dann haben wir $t^\alpha \perp \widetilde{W}_j$, weil $V_j \perp \widetilde{W}_j$. Das bedeutet, daß $\langle t^\alpha, \widetilde{\psi}_{j,k} \rangle = 0$ für jedes Wavelet $\widetilde{\psi}_{j,k}$ gilt. Expliziter ausgedrückt, haben wir

$$\int t^\alpha \widetilde{\psi}_{j,k}(t)\, dt = 0, \quad \text{für } \alpha = 0, \ldots, N - 1.$$

Man sagt in diesem Fall, daß die dualen Wavelets N *verschwindende Momente* haben. Das Vorhandensein von N verschwindenden Momenten läßt sich äquivalent so formulieren, daß die Fourier-Transformation bei $\omega = 0$ eine Nullstelle der Ordnung N hat:

$$D^\alpha \widehat{\widetilde{\psi}}(0) = 0, \quad \text{für } \alpha = 0, \ldots, N - 1.$$

Unter Verwendung von Relation $\widehat{\widetilde{\psi}}(2\omega) = \widetilde{G}(\omega)\widehat{\widetilde{\varphi}}(\omega)$ und $\widehat{\widetilde{\varphi}}(0) = 1$ sehen wir, daß $\widetilde{G}(\omega)$ bei $\omega = 0$ eine Nullstelle der Ordnung N hat. Aus (4.30) folgt dann, daß $H(\omega)$ die Form

---

[6]   Hierbei mißbrauchen wir die Notation ein wenig, denn t^α liegt nicht in $L^2(\mathbb{R})$.

$$(4.35) \qquad H(\omega) = \left(\frac{e^{-i\omega} + 1}{2} \right)^N Q(\omega)$$

mit einer 2π-periodischen Funktion $Q(\omega)$ haben muß. Je größer wir N wählen, desto schärfer wird den Übergang zwischen Paß-Band und Stop-Band.

Auf dieselbe Weise können wir zeigen, daß die Filterfunktion $\widetilde{H}(\omega)$ von der Form

$$(4.36) \qquad \widetilde{H}(\omega) = \left(\frac{e^{-i\omega} + 1}{2} \right)^{\widetilde{N}} \widetilde{Q}(\omega)$$

sein muß, wobei $\widetilde{N}$ die Anzahl der verschwindenden Momente von ψ oder die Ordnung der dualen Multi-Skalen-Analyse bezeichnet. Die Faktorisierungen (4.35) und (4.36) sind ein Ausgangspunkt bei der Konstruktion von Filterbänken. Die Funktionen $Q(\omega)$ und $\widetilde{Q}(\omega)$ müssen dann so gewählt werden, daß die Biorthogonalitätsbedingungen erfüllt sind. Auch andere Eigenschaften von Wavelets hängen von dieser Wahl ab. Wir führen diese Diskussion in Kapitel 8 weiter.

Es sind die verschwindenden Momente, die den Wavelets die Kompressionsfähigkeit verleihen. Wir geben hier eine kurze Erläuterung dafür. Es sei $\widetilde{\psi}_{j,k}$ ein (Feinskalen-) Wavelet mit N verschwindenden Momenten. Wir können diesen Sachverhalt dann mit der Vorstellung assoziieren, daß $\widetilde{\psi}_{j,k}$ außerhalb eines kleinen zu 2^{-j} proportionalen Intervalls gleich Null ist. Wir nehmen an, daß das Signal α stetige Ableitungen auf diesem Intervall hat. Dann kann es dort durch ein Taylorpolynom $P_{\alpha-1}(t)$ des Grades $(\alpha - 1)$ mit einem Fehler der Ordnung $O(2^{-j\alpha})$ approximiert werden, und wir erhalten

$$\begin{aligned}
\langle f, \widetilde{\psi}_{j,k} \rangle &= \int f(t) \widetilde{\psi}_{j,k}(t)\, dt \\
&= \int P_{\alpha-1}(t) \widetilde{\psi}_{j,k}(t)\, dt + O(2^{-j\alpha}) \\
&= O(2^{-j\alpha})
\end{aligned}$$

unter der Voraussetzung, daß $\alpha \leq N$. An den Stellen also, an denen das Signal glatt ist, sind die Feinskalen-Waveletkoeffizienten fast 0 und müssen nicht gespeichert werden. Wir müssen nur diejenigen Feinskalenkoeffizienten speichern, bei denen das Signal abrupte Veränderungen, Unstetigkeiten usw. aufweist.

Verschwindende Momente der dualen Wavelets $\widetilde{\psi}$ hängen auch mit der Regularität des Mother-Wavelets ψ zusammen. Man kann zeigen, daß das duale Wavelet mindestens so viele verschwindenden Momente haben muß, wie das Mother-Wavelet Ableitungen hat. Eine größere Anzahl von verschwindenden Momenten führt zu glatteren Mother-Wavelets. Die Regularität von ψ hängt auch von der Wahl von Q ab. Die Anzahl der dualen verschwindenden Momente $\widetilde{N}$ des Wavelets ψ ist nicht so wichtig wie N, da wir keine Skalarprodukte mit den Wavelets $\psi_{j,k}$ betrachten. Außerdem beeinflußt $\widetilde{N}$ die Regularität der dualen Wavelets, und das ist nicht so wichtig wie die Regularität der Wavelets $\psi_{j,k}$, die als Basisfunktionen in der Wavelet-Zerlegung verwendet werden. Deswegen wird N üblicherweise größer gewählt als $\widetilde{N}$.

Übungsaufgaben zu Abschnitt 4.7

Übungsaufgabe 4.26. Es sei vorausgesetzt, daß die Funktion $H(\omega)$ bei $\omega = \pi$ eine Nullstelle der Ordnung N hat. Zeigen Sie mit Hilfe des Skalierens, daß $D^\alpha \widehat{\varphi}(2k\pi) = 0$ für alle ganzen Zahlen $k \neq 0$ und $0 \leq \alpha \leq N - 1$ gilt. Ferner zeige man, daß $D^\alpha \widehat{\widetilde{\psi}}(4k\pi) = 0$ für alle ganzen Zahlen k und $0 \leq \alpha \leq N - 1$ gilt.

Übungsaufgabe 4.27. Zeigen Sie mit Hilfe der Poissonschen Summationsformel und der vorhergehenden Übung, daß für $0 \leq \alpha \leq N - 1$ die Beziehung

$$\sum_k k^\alpha \varphi(t - k) = t^\alpha$$

gilt, wenn die Funktion $H(\omega)$ bei $\omega = \pi$ eine Nullstelle der Ordnung N hat und wenn die Funktion $DH(\omega)$ bei $\omega = 0$ eine Nullstelle der Ordnung $N - 1$ hat. Die Skalierungsfunktion φ reproduziert demnach Polynome eines Grades, der höchstens $N - 1$ beträgt.

Übungsaufgabe 4.28. Beweisen Sie durch Skalieren und mit Hilfe der Poissonschen Summationsformel die beiden Identitäten

$$\sum_k (-1)^k \psi(t - k) = \sum_l \psi(t/2 - l + 1/4),$$
$$\sum_k (-1)^k \varphi(t - k) = \sum_l (-1)^l \psi(t - l - 1/2).$$

4.8 Bemerkungen

Die Idee, ein Bild in verschiedenen Skalen zu approximieren und die Differenz zwischen diesen Approximationen zu speichern, trat bereits im Pyramidenalgorithmus von Burt und Adelson im Jahre 1983 auf. Gleichzeitig machte auch die Theorie der Wavelets Fortschritte und es wurden verschiedene Wavelet-Basen konstruiert, u.a. von dem französischen Mathematiker Yves Meyer. Das brachte den französischen Ingenieur Stephane Mallat darauf, einen Zusammenhang zwischen Wavelets und Filterbänken zu erkennen. Zusammen mit Meyer formulierte er die Definition der Multi-Skalen-Analyse. Dieser Zusammenhang führte zu einem Durchbruch in der Wavelet-Theorie: man konnte neue Konstruktionen von Wavelet-Basen und schnellen Algorithmen angeben.

Die belgische Mathematikerin Ingrid Daubechies konstruierte 1988 in diesem Rahmen die erste Familie von Wavelets; seitdem wurden viele verschiedene Wavelets konstruiert.

Der Übersichtsartikel von Jawerth und Sweldens [20] ist ein guter Start für das weitere Studium und Verstehen der MSA und der Wavelets. Der Artikel hat auch ein umfassendes Literaturverzeichnis. Die Bücher *Ten Lectures on Wavelets* von Ingrid Daubechies [11] und *A First Course on Wavelets* von Hernandez & Weiss [16] geben eine mathematisch vollständigere Beschreibung. Unter anderem enthalten diese Bücher Bedingungen für Tiefpaß- und Hochpaß-Filter zur Erzeugung von Riesz-Basen für Wavelets. Eine ausführliche Diskussion dieses Sachverhalts findet man auch in dem Buch von Strang & Nguyen [27].

5

Wavelets in höheren Dimensionen

Grauskalenbilder lassen sich als Funktionen zweier Variabler darstellen. Für jeden Punkt (x, y) des Bildes ist $f(x, y)$ der Grauskalenwert an diesem Punkt. Um Wavelets für die Bildverarbeitung zu verwenden, müssen wir deswegen die Wavelet-Transformation auf Funktionen mehrerer Variabler verallgemeinern.

Es gibt zwei grundlegende Möglichkeiten, das zu tun: separable oder nicht-separable Wavelet-Transformationen. Separable Transformationen werden automatisch aus eindimensionalen Transformationen konstruiert und sind im Allgemeinen leichter handhabbar. Wir konzentrieren uns hier hauptsächlich auf separable Transformationen.

Jedoch hängen die separablen Basen mit Symmetrien bei Rotationen um nur 90° zusammen. Wird eine größere Rotationssymmetrie gewünscht, dann werden die (nicht-separablen) Konstruktionen komplizierter.

5.1 Die separable Wavelet-Transformation

Separable Wavelets werden direkt aus eindimensionalen Wavelets konstruiert. Wir betrachten nur zwei Dimensionen, aber es sollte offensichtlich sein, wie man die Konstruktion auf höhere Dimensionen verallgemeinert. Wir beginnen mit dem einfachsten Fall.

Das zweidimensionale Haar-System

Wir betrachten eine Funktion $f_1(x, y)$, die stückweise konstant auf den Quadraten $k_x/2 < x < (k_x+1)/2$, $k_y/2 < y < (k_y+1)/2$ ist und die Werte $s_{1,k}$ hat. Wir verwenden hier die Multi-Index-Notation $k = (k_x, k_y) \in \mathbb{Z}^2$; $k_x, k_y \in \mathbb{Z}$. Wir können uns $s_{1,k}$ als die Pixelwerte in einem digitalen Grauskalenbild vorstellen. Wir versuchen, den Informationsbetrag dadurch zu reduzieren, daß wir vier benachbarte Werte durch ihren Mittelwert

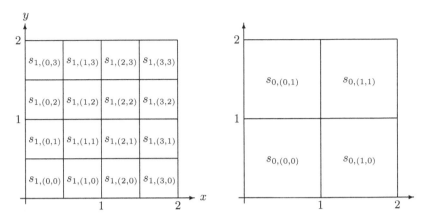

Abb. 5.1. Mittelwerte in der zweidimensionalen Haar-Transformation

$$(5.1) \qquad s_{0,k} = \frac{1}{4}(s_{1,2k} + s_{1,2k+e_x} + s_{1,2k+e_y} + s_{1,2k+e}),$$

approximieren, wobei $e_x = (1,0)$, $e_y = (0,1)$ und $e = (1,1)$.

Das läuft darauf hinaus, f_1 durch eine Funktion f_0 zu approximieren, die stückweise konstant auf den Quadraten $k_x < x < k_x + 1$, $k_y < y < k_y + 1$ (Abb. 5.1) ist. Offensichtlich verlieren wir bei dieser Approximation Information und die Frage ist, wie diese Information dargestellt werden kann. Bei der eindimensionalen Haar-Transformation ersetzen wir zwei benachbarte Skalierungskoeffizienten durch ihren Mittelwert und speichern anschließend die verlorengegangene Information als die Differenz. Im vorliegenden Fall ersetzen wir vier Werte durch ihren Mittelwert und deswegen brauchen wir drei „Differenzen". Im Haar-System berechnen wir

$$w_{0,k}^H = \frac{1}{4}(s_{1,2k} + s_{1,2k+e_x} - s_{1,2k+e_y} - s_{1,2k+e}),$$

$$w_{0,k}^V = \frac{1}{4}(s_{1,2k} - s_{1,2k+e_x} + s_{1,2k+e_y} - s_{1,2k+e}),$$

$$w_{0,k}^D = \frac{1}{4}(s_{1,2k} - s_{1,2k+e_x} - s_{1,2k+e_y} + s_{1,2k+e}).$$

In Abb. 5.2 haben wir die „Polarität" dieser Differenzen und die Mittelwertbildung angedeutet. Die oberen Indizes H, V, D sind Kurzbezeichnungen für *horizontal, vertikal* bzw. *diagonal*. Die Koeffizienten w_0^H können als Differenzen in der y-Richtung betrachtet werden und sie helfen uns, horizontale Kanten zu „entdecken": deswegen der obere Index H. Analog lassen sich die

Koeffizienten w_0^V als Differenzen in der x-Richtung auffassen und die vertikalen Kanten „offenbaren" sich in w_0^V. Die diagonalen Kanten sind in w_0^D vorhanden. Abseits von den Kanten können diese Differenzen im Allgemeinen vernachlässigt werden. Auf diese Weise wird eine Kompression möglich.

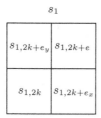

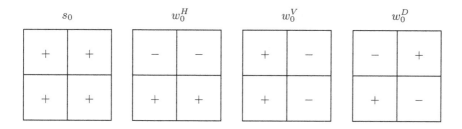

Abb. 5.2. Mittelwerte und Differenzen in der 2-dimensionalen Haar-Transformation

Die Mittelwertbildung in Gleichung (5.1) ist der Tiefpaß-Filterungsschritt in der zweidimensionalen Haar-Transformation. Dieser Schritt läßt sich in zwei eindimensionale Tiefpaß-Filterungsschritte zerlegen. Zuerst wenden wir eine Tiefpaß-Filterung mit einem Subsampling in der x-Richtung an und erhalten

$$\frac{1}{2}(s_{1,2k} + s_{1,2k+e_x}) \quad \text{und} \quad \frac{1}{2}(s_{1,2k+e_y} + s_{1,2k+e}).$$

Mittelt man diese beiden, das heißt, bildet man den Mittelwert in der y-Richtung, dann ergibt sich $s_{0,k}$. Außerdem sind die drei Wavelet-Koeffizienten-Folgen das Ergebnis der Anwendung von Tiefpaß- und Hochpaß-Filtern in der x-Richtung und in der y-Richtung. Der ganze Prozeß ist in Abb. 5.3 dargestellt, wobei H und G die Haar-Filter bezeichnen. Die Indizes x und y geben an, daß Filterung und Subsampling in der x-Richtung und in der y-Richtung erfolgen.

Allgemeine separable Wavelet-Transformationen

Die Zerlegung der zweidimensionalen Haar-Transformation in zwei eindimensionale Filterungsschritte liefert ein allgemeines Verfahren zur Konstruktion

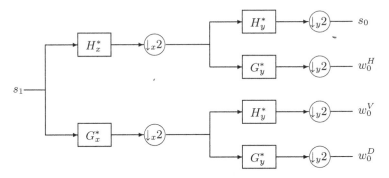

Abb. 5.3. Die zweidimensionale Haar-Transformation als zwei eindimensionale Haar-Transformationen

einer zweidimensionalen Wavelet-Transformation aus einer eindimensionalen. Wir beginnen mit einer Menge von biorthogonalen Filtern H, G, $\widetilde{H}$ und $\widetilde{G}$. Danach definieren wir zweidimensionale Tiefpaß- und Hochpaß-Synthesefilter durch

$$
\begin{aligned}
\mathbf{H} &= H_x H_y, \\
\mathbf{G}_H &= G_x H_y, \\
\mathbf{G}_V &= H_x G_y, \\
\mathbf{G}_D &= G_x G_y.
\end{aligned}
$$

Die Analysefilter $\widetilde{\mathbf{H}}$, $\widetilde{\mathbf{G}}_H$, $\widetilde{\mathbf{G}}_V$ und $\widetilde{\mathbf{G}}_D$ werden analog definiert. Zur Vereinfachung der Schreibweise vereinbaren wir von jetzt an, daß die Operatoren H_x, H_y usw. auch das Upsampling einschließen. Zum Beispiel ist H_x ein Upsampling in der x-Richtung mit anschließender Filterung in der x-Richtung. Zu gegebenen Skalierungskoeffizienten $s_{j+1} = (s_{j+1,k})_{k \in \mathbb{Z}^2}$ berechnen wir die Mittelwerte und Waveletkoeffizienten

(5.2)
$$
\begin{aligned}
s_j &= \widetilde{\mathbf{H}}^* s_{j+1} = \widetilde{H}_y^* \widetilde{H}_x^* s_{j+1}, \\
w_j^H &= \widetilde{\mathbf{G}}_H^* s_{j+1} = \widetilde{G}_y^* \widetilde{H}_x^* s_{j+1}, \\
w_j^V &= \widetilde{\mathbf{G}}_V^* s_{j+1} = \widetilde{H}_y^* \widetilde{G}_x^* s_{j+1}, \\
w_j^D &= \widetilde{\mathbf{G}}_D^* s_{j+1} = \widetilde{G}_y^* \widetilde{G}_x^* s_{j+1}.
\end{aligned}
$$

Hier schließen die transponierten Operatoren das Downsampling ein; $\widetilde{H}_x^*$ wird zu einer Filterung in der x-Richtung mit dem reversen Filter $\widetilde{H}^*$ und anschließendem Downsampling. Wir berechnen also die Skalierungs- und Wavelet-Koeffizienten, indem wir zuerst die Analyse-Filterbank auf die Zeilen von s_{j+1} anwenden und dadurch $\widetilde{H}_x^* s_{j+1}$ und $\widetilde{G}_x^* s_{j+1}$ erhalten. Danach wenden wir die Analyse-Filterbank auf die entsprechenden Spalten an (vgl. Abb. 5.4).

Zur Rekonstruktion von s_{j+1} aus den Skalierungs- und Wavelet-Koeffizienten in der gröberen Skala invertieren wir den gesamten Prozeß von Abb. 5.4. Wir wenden also zuerst die Synthesefilter in der y-Richtung an, um $\widetilde{H}_x^* s_{j+1}$ und $\widetilde{G}_x^* s_{j+1}$ zu rekonstruieren:

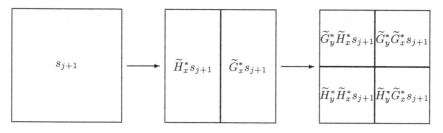

Abb. 5.4. Separable Filter

$$\widetilde{H}_x^* s_{j+1} = H_y s_j + G_y w_j^H,$$
$$\widetilde{G}_x^* s_{j+1} = H_y w_j^V + G_y w_j^D.$$

Danach wenden wir die Synthese-Filterbank in der x-Richtung an und erhalten

$$
\begin{aligned}
s_{j+1} &= H_x \widetilde{H}_x s_{j+1} + G_x \widetilde{G}_x s_{j+1} \\
&= H_x H_y s_j + H_x G_y w_j^H + G_x H_y w_j^V + G_x G_y w_j^D. \\
&= \mathbf{H} s_j + \mathbf{G}_H w_j^H + \mathbf{G}_V w_j^V + \mathbf{G}_D w_j^D.
\end{aligned}
$$

Bei der Forward-Wavelet-Transformation zerlegen wir die Skalierungsko-effizienten s_j rekursiv, wobei wir mit den Koeffizienten s_J in einer feinsten Skala beginnen. In Abb. 5.5 sind zwei Schritte der Transformation zusammen mit der typischen Anordnung der Waveletkoeffizienten dargestellt. Die inverse Transformation kehrt den ganzen Prozeß um, wobei die Synthese-Filter verwendet werden.

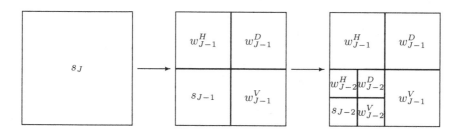

Abb. 5.5. Die separable Wavelet-Transformation

Wir machen hier eine kurze Bemerkung über den Filterungsprozeß. Bei-spielsweise läßt sich die Berechnung von s_j aus s_{j+1} in (5.2) folgendermaßen expliziter schreiben:

$$s_{j,k} = 2 \sum_{l \in \mathbb{Z}^2} \widetilde{h}_{l_x - 2k_x} \widetilde{h}_{l_y - 2k_y} s_{j+1,l}.$$

Das ist eine Filterung mit dem zweidimensionalen Tiefpaß-Filter $\tilde{\mathbf{h}}_k = \tilde{h}_{k_x}\tilde{h}_{k_y}$ und einem anschließenden „zweidimensionalen Downsampling". Dieser Downsampling-Operator eliminiert auf folgende Weise alle Koeffizienten mit „ungeraden" Mehrfach-Indizes.

$$(\downarrow 2)_2 s = \begin{pmatrix} & \vdots & \vdots & \vdots & \\ \cdots & s_{-2,2} & s_{0,2} & s_{2,2} & \cdots \\ \cdots & s_{-2,0} & s_{0,0} & s_{2,0} & \cdots \\ \cdots & s_{-2,-2} & s_{0,-2} & s_{2,-2} & \cdots \\ & \vdots & \vdots & \vdots & \end{pmatrix}.$$

Die Wavelet-Koeffizienten werden ähnlich berechnet, indem man die Hochpaß-Filter $\tilde{\mathbf{g}}_k^H = \tilde{h}_{k_x}\tilde{g}_{k_y}$, $\tilde{\mathbf{g}}_k^V = \tilde{g}_{k_x}\tilde{h}_{k_y}$ und $\tilde{\mathbf{g}}_k^D = \tilde{g}_{k_x}\tilde{g}_{k_y}$ verwendet. Außerdem läßt sich die Rekonstruktion von s_{j+1} als Anwendung zweidimensionaler Filter nach einem zweidimensionalen Upsampling auffassen. Dieser Upsampling-Operator fügt Nullen auf folgende Weise ein:

$$(\uparrow 2)_2 s = \begin{pmatrix} & \vdots & \vdots & \vdots & \vdots & \vdots & \\ \cdots & s_{1,1} & 0 & s_{0,1} & 0 & s_{1,1} & \cdots \\ \cdots & 0 & 0 & 0 & 0 & 0 & \cdots \\ \cdots & s_{-1,0} & 0 & s_{0,0} & 0 & s_{1,0} & \cdots \\ \cdots & 0 & 0 & 0 & 0 & 0 & \cdots \\ \cdots & s_{-1,-1} & 0 & s_{0,-1} & 0 & s_{1,-1} & \cdots \\ & \vdots & \vdots & \vdots & \vdots & \vdots & \end{pmatrix}.$$

Separable Filter im Frequenzbereich

Wir haben die Filter $\mathbf{H}$ und $\mathbf{G}_\nu$ als Tiefpaß- and Hochpaß-Filter bezeichnet, ohne etwas anderes als ihre „Mittelung" und „Differenzbildung" zu erklären. Man sieht jedoch unmittelbar, daß ihre Filterfunktionen folgendermaßen gegeben sind (ohne Upsampling):

(5.3)
$$\begin{aligned} \mathbf{H}(\xi,\eta) &= H(\xi)H(\eta), \\ \mathbf{G}_H(\xi,\eta) &= G(\xi)H(\eta), \\ \mathbf{G}_V(\xi,\eta) &= H(\xi)G(\eta), \\ \mathbf{G}_D(\xi,\eta) &= G(\xi)G(\eta). \end{aligned}$$

Idealerweise ist $H(\omega)$ gleich 1 auf $[0, \pi/2]$ und gleich 0 auf $[\pi/2, \pi]$, und $G(\omega)$ ist gleich 1 auf $[\pi/2, \pi]$ und gleich 0 auf $[0, \pi/2]$. In diesem Fall zerlegen $\mathbf{H}(\xi,\eta)$ und $\mathbf{G}_\nu(\xi,\eta)$ den Frequenzbereich so, wie in Abb. 5.6 dargestellt. Bei nicht-idealen Filtern kommt es natürlich zu einem Überlappen der Frequenzbereiche.

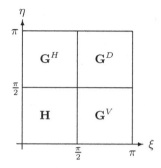

Abb. 5.6. Frequenzträger für ideale separable Filter

Übungsaufgaben zu Abschnitt 5.1

Übungsaufgabe 5.1. Zeigen Sie, daß die Wavelet-Koeffizienten in der zweidimensionalen Haar-Transformation durch die beiden in Abb. 5.3 beschriebenen eindimensionalen Filterungsschritte gegeben sind.

Übungsaufgabe 5.2. Führen Sie die Konstruktion separabler Filter in drei Dimensionen durch. Wieviele Hochpaß-Filters gibt es? (7)

Übungsaufgabe 5.3. Zeigen Sie, daß sich der zweidimensionale Downsampling-Operator als $(\downarrow 2)_2 = (\downarrow 2)_x(\downarrow 2)_y$ schreiben läßt, wobei $(\downarrow 2)_x$ und $(\downarrow 2)_y$ die eindimensionalen Downsampling-Operatoren in der x-Richtung und in der y-Richtung sind. Man zeige auch, daß $(\uparrow 2)_2 = (\uparrow 2)_x(\uparrow 2)_y$.

5.2 Zweidimensionale Wavelets

In *einer* Dimension hatten wir mit den Approximations- und Detail-Räumen, der Skalierungsfunktion und dem Wavelet begonnen. Hiervon hatten wir Filter und die schnelle Wavelet-Transformation abgeleitet. Im separablen Fall sind die separablen Filter und die assoziierte Wavelet-Transformation der natürliche Ausgangspunkt. Wir beschreiben jetzt die zu diesen Filtern gehörenden Skalierungsfunktionen und Wavelets sowie die entsprechende Multi-Skalen-Analyse. Unsere Ausführungen sind lediglich eine Skizze und diejenigen Leser, die weitere Einzelheiten erfahren möchten, werden auf die Übungen verwiesen.

Die zweidimensionale Haar-Skalierungsfunktion und Wavelets

Die zweidimensionale Haar-Skalierungsfunktion ist definiert durch

$$\Phi(x,y) = \begin{cases} 1 & \text{falls } 0 < x, y < 1, \\ 0 & \text{andernfalls.} \end{cases}$$

Mit dieser Funktion können wir die stückweise konstante Funktion f_1 des vorhergehenden Abschnitts als

$$f_1(x,y) = \sum_{k \in \mathbb{Z}^2} s_{1,k} \Phi(2x - k_x, 2y - k_y)$$

schreiben. Das ist so, weil $\Phi(2x - k_x, 2y - k_y)$ gleich 1 ist für $k_x/2 < x < (k_x + 1)/2$, $k_y/2 < y < (k_y + 1)/2$ und andernfalls gleich 0 ist. Die gröbere Approximation f_0 läßt sich ähnlicherweise als

$$f_0(x,y) = \sum_k s_{0,k} \Phi(x - k_x, y - k_y)$$

schreiben. Im eindimensionalen Haar-System kann die Differenz $d_0 = f_1 - f_0$ als eine Linearkombination von Wavelets geschrieben werden, die stückweise konstant mit den Werten ± 1 sind. Das ist auch der Fall in zwei Dimensionen und es ist nicht überraschend, daß wir drei verschiedene Wavelets Ψ^H, Ψ^V und Ψ^D brauchen. Diese sind definiert durch

$$\Psi^\nu(x,y) = \begin{cases} \pm 1 & \text{falls } 0 < x, y < 1, \\ 0 & \text{andernfalls,} \end{cases}$$

wobei ν gleich H, V oder D ist. Entsprechend der „Polarität" in Abb. 5.2 nehmen sie die Werte 1 und -1 an. Mit diesen Wavelets läßt sich das „Detailbild" d_0 folgendermaßen schreiben:

$$(5.4) \qquad d_0(x,y) = \sum_k \sum_{\nu \in \{H,V,D\}} w_{0,k}^\nu \Psi^\nu(x - k_x, y - k_y).$$

Separable Skalierungsfunktionen und Wavelets

Ebenso wie bei Filtern lassen sich die Haar-Skalierungsfunktion und (Haar-) Wavelets durch ihre entsprechende eindimensionale Skalierungsfunktion und die entsprechenden Wavelets ausdrücken. Es ist leicht zu sehen, daß

$$\begin{aligned} \Phi(x,y) &= \varphi(x)\varphi(y), \\ \Psi^H(x,y) &= \varphi(x)\psi(y), \\ \Psi^V(x,y) &= \psi(x)\varphi(y), \\ \Psi^D(x,y) &= \psi(x)\psi(y). \end{aligned}$$

Auf diese Weise werden Wavelets und Skalierungsfunktionen auch für allgemeine separable Wavelet-Basen definiert. Wir definieren dilatierte, translatierte und normalisierte Skalierungsfunktionen durch

$$\Phi_{j,k}(x,y) = 2^j \Phi(2^j x - k_x, 2^j y - k_y) \text{ wobei } j \in \mathbb{Z}, k \in \mathbb{Z}^2,$$

und verfahren in ähnlicher Weise mit den Wavelets. Man beachte, daß wir 2^j als Normalisierungsfaktor in zwei Dimensionen benötigen. Wir definieren die Approximationsräume $\mathbf{V}_j$ als die Menge aller Funktionen der Form

$$f_j(x,y) = \sum_k s_{j,k}\, \Phi_{j,k}(x,y).$$

Die Detail-Räume $\mathbf{W}_j^H$, $\mathbf{W}_j^V$ und $\mathbf{W}_j^D$ werden analog definiert. Die Skalierungsfunktion erfüllt die Skalierungsgleichung

$$\Phi(x) = 4\sum_k \mathbf{h}_k\, \Phi(2x - k_x, 2y - k_y).$$

Wir haben auch ähnliche Gleichungen für die Wavelets:

$$\Psi^\nu(x) = 4\sum_k \mathbf{g}_k^\nu\, \Phi(2x - k_x, 2y - k_y).$$

Dies impliziert, daß $\mathbf{V}_j \subset \mathbf{V}_{j+1}$ und $\mathbf{W}_j^\nu \subset \mathbf{V}_{j+1}$. Jedes $f_{j+1} \in \mathbf{V}_{j+1}$ läßt sich in der Form

$$(5.5) \qquad f_{j+1} = f_j + d_j^H + d_j^V + d_j^D$$

zerlegen, wobei $f_j \in \mathbf{V}_j$ und $d_j^\nu \in \mathbf{W}_j^\nu$. Die Funktion f_{j+1} läßt sich als

$$(5.6) \qquad f_{j+1}(x,y) = \sum_k s_{j+1,k}\, \Phi_{j+1,k}(x,y),$$

schreiben und wir haben

$$(5.7) \qquad f_j(x,y) = \sum_k s_{j,k}\, \Phi_{j,k}(x,y) \quad \text{und} \quad d_j^\nu(x,y) = \sum_k w_{j,k}^\nu\, \Psi_{j,k}^\nu(x,y).$$

Um zwischen (5.6) und (5.7) hin und her zu wechseln, verwenden wir die Analyse-Filterbank (5.2) und die Synthese-Filterbank (5.3).

Und schließlich haben wir auch die dualen Skalierungsfunktionen, Wavelets, Approximations- und Detailräume mit den gleichen oben beschriebenen Eigenschaften. Zusammen mit den ursprünglichen Skalierungsfunktionen und Wavelets erfüllen sie die Biorthogonalitätsbedingungen ähnlich wie im eindimensionalen Fall. Die Biorthogonalitätsbedingungen können in den Filterbereich übertragen werden. Definieren wir

$$\mathbf{M}(\xi,\eta) = \begin{bmatrix} \mathbf{H}(\xi,\eta) & \mathbf{H}(\xi+\pi,\eta) & \mathbf{H}(\xi,\eta+\pi) & \mathbf{H}(\xi+\pi,\eta+\pi) \\ \mathbf{G}^H(\xi,\eta) & \mathbf{G}^H(\xi+\pi,\eta) & \mathbf{G}^H(\xi,\eta+\pi) & \mathbf{G}^H(\xi+\pi,\eta+\pi) \\ \mathbf{G}^V(\xi,\eta) & \mathbf{G}^V(\xi+\pi,\eta) & \mathbf{G}^V(\xi,\eta+\pi) & \mathbf{G}^V(\xi+\pi,\eta+\pi) \\ \mathbf{G}^D(\xi,\eta) & \mathbf{G}^D(\xi+\pi,\eta) & \mathbf{G}^D(\xi,\eta+\pi) & \mathbf{G}^D(\xi+\pi,\eta+\pi) \end{bmatrix}$$

und in ähnlicher Weise $\widetilde{\mathbf{M}}(\xi,\eta)$, dann erhalten wir

$$(5.8) \qquad \overline{\mathbf{M}(\xi,\eta)}\,\widetilde{\mathbf{M}}(\xi,\eta)^{\mathrm{T}} = I.$$

Man prüft leicht nach, daß die separablen Filter diese Gleichungen erfüllen. Jedoch ist es auch möglich, diese Gleichungen als Ausgangspunkt für die Konstruktion zweidimensionaler nichtseparabler Wavelets zu verwenden. Wir gehen nicht weiter auf diese Thematik ein, sondern sehen uns stattdessen im nächsten Abschnitt zwei andere vollkommen verschiedene Konstruktionen von nichtseparablen Wavelets an.

Separable Wavelets im Frequenzbereich

Die Fourier-Transformationen der Skalierungsfunktion und der Wavelets sind
durch

$$\widehat{\Phi}(\xi, \eta) = \widehat{\varphi}(\xi)\widehat{\varphi}(\eta),$$
$$\widehat{\Psi^H}(\xi, \eta) = \widehat{\varphi}(\xi)\widehat{\psi}(\eta),$$
$$\widehat{\Psi^V}(\xi, \eta) = \widehat{\psi}(\xi)\widehat{\varphi}(\eta),$$
$$\widehat{\Psi^D}(\xi, \eta) = \widehat{\psi}(\xi)\widehat{\psi}(\eta)$$

gegeben. Wir wissen, daß $\widehat{\varphi}$ im Wesentlichen auf das Frequenzband $[0, \pi]$ lokalisiert ist, und somit ist $\widehat{\Phi}(\xi, \eta)$ im Wesentlichen auf das Quadarat $0\xi, \eta < \pi$
in der Frequenzebene lokalisiert. Ein ähnliches Argument für die Wavelets er-
gibt, daß die separable Wavelet-Transformation der in Abb. 5.7 dargestellten
Zerlegung der Frequenzebene entspricht.

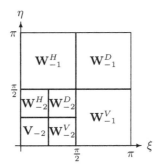

Abb. 5.7. Zerlegung der Frequenzebene für die separable Wavelet-Transformation

Übungsaufgaben zu Abschnitt 5.2

Übungsaufgabe 5.4. Beweisen Sie Gleichung (5.4).

Übungsaufgabe 5.5. Zeigen Sie $\Phi_{j,k}(x, y) = \varphi_{j,k_x}(x)\varphi_{j,k_y}(y)$.

Übungsaufgabe 5.6. Zeigen Sie, daß die Skalierungsfunktion die Skalierungsgleichung

$$\Phi(x) = 4 \sum_k \mathbf{h}_k\, \Phi(2x - k_x, 2y - k_y) \quad \text{erfüllt, wobei} \quad \mathbf{h}_k = h_{k_x} h_{k_y}.$$

Hinweis: Man verwende die eindimensionale Skalierungsfunktion.

Übungsaufgabe 5.7. Zeigen Sie, daß $\mathbf{V}_j \subset \mathbf{V}_{j+1}$. Hinweis: Man verwende
die Skalierungsgleichung, um zu zeigen, daß die Skalierungsfunktionen $\Phi_{j,k}$ in
$\mathbf{V}_{j+1}$ liegen. Hiervon ausgehend leite man ab, das jede endliche Summe

$$\sum_{k=-K}^{K} s_{j+1,k}\,\Phi_{j+1,k}(x,y)$$

in $\mathbf{V}_{j+1}$ liegt. Beweisen Sie abschließend folgende Aussage: Die Abgeschlossenheit von $\mathbf{V}_{j+1}$ impliziert, daß alle entsprechenden unendlichen Summen, das heißt, die Elemente von $\mathbf{V}_j$, in $\mathbf{V}_{j+1}$ liegen.

Übungsaufgabe 5.8. Beweisen Sie, daß sich f_{j+1} wie in (5.5) zerlegen läßt. Hinweis: Man zeige, daß sich jede Skalierungsfunktion $\Phi_{j+1,k}$ auf diese Weise zerlegen läßt.

Übungsaufgabe 5.9. Zeigen Sie, daß separable Filter die Biorthogonalitätsbedingungen (5.8) erfüllen.

5.3 Nichtseparable Wavelets

Ein Nachteil der separablen Wavelets ist ihre geringe Rotationsinvarianz. Eine starke Betonung liegt auf den Koordinatenachsen. Änderungen bei den Koordinatenrichtungen werden in die Frequenzkanäle $\mathbf{W}_j^H$ und $\mathbf{W}_j^V$ separiert (aufgeteilt), aber Änderungen in den beiden Diagonalrichtungen sind in den Kanälen $\mathbf{W}_j^D$ gemischt. Eine 45°-Rotation eines Bildes kann somit zu dramatischen Änderungen der Wavelet-Koeffizienten führen. Wir geben nun zwei Beispiele für isotropischer ausgerichtete Wavelets in zwei Dimensionen. Aus praktischen Gründen verwenden wir hier die Schreibweise $f(x)$, $x \in \mathbb{R}^2$.

Quincunx-Wavelets

Für separable Wavelets lassen sich die dilatierten, translatierten und normalisierten Skalierungsfunktionen in folgender Form schreiben:

$$\Phi_{j,k}(x) = 2^j \Phi(D^j x - k); \quad j \in \mathbb{Z}, k \in \mathbb{Z}^2.$$

Hier bezeichnet D die *Dilatationsmatrix*

$$D = \begin{bmatrix} 2 & 0 \\ 0 & 2 \end{bmatrix}.$$

Für Quincunx-Wavelets haben wir stattdessen die Skalierungsfunktionen

$$\varphi_{j,k}(x) = 2^{j/2}\varphi(D^j x - k)$$

mit der Dilatationsmatrix

$$D = \begin{bmatrix} 1 & -1 \\ 1 & 1 \end{bmatrix} \quad \text{oder} \quad D = \begin{bmatrix} 1 & 1 \\ 1 & -1 \end{bmatrix}.$$

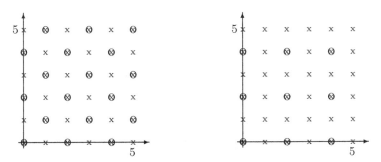

Abb. 5.8. Sampling-Gitter (x) und Subsampling-Gitter (o) für den Quincunx und für den separablen Fall

Man beachte, daß für das erste D die Gleichheit $D = \sqrt{2}R$ gilt, wobei R eine orthogonale Matrix ist (eine 45°-Rotation). Für das zweite D folgt nach der Rotation eine Spiegelung an der x_1-Achse.

Zur Vereinfachung unserer Diskussion arbeiten wir mit dem ersten D. Gehen wir in diesem Falle von einer Skala zu der nächstgröberen über, dann wird die Skalierungsfunktion um 45° rotiert und in x um einem Faktor $\sqrt{2}$ skaliert. Die Approximationsräume V_j werden in der üblichen Weise durch die Forderung $V_j \subset V_{j+1}$ definiert.

Wir sehen uns die beiden Approximationsräume V_0 und V_{-1} an. Die Funktionen in V_0 lassen sich als Linearkombinationen der Skalierungsfunktionen $\varphi(x - k)$ schreiben. Wir nehmen an, daß $\varphi(x - k)$ in einem Bereich um $x = 0$ lokalisiert ist; dann ist $\varphi(x - k)$ um $x = k$ lokalisiert und wir ordnen dieser Funktion den Punkt $k \in \mathbb{Z}^2$ zu. Auf dieselbe Weise sind die Skalierungsfunktionen $\varphi(D^{-1}x - k)$ in V_{-1} den Punkten Dk, $k \in \mathbb{Z}^2$, zugeordnet. Wir bezeichnen die Menge dieser Punkte mit $D\mathbb{Z}^2$. Mitunter bezeichnen wir $\mathbb{Z}^2$ als das *Sampling-Gitter* und $D\mathbb{Z}^2$ als das *Subsampling-Gitter*.

In Abb. 5.8 haben wir das Sampling-Gitter und das Subsampling-Gitter für den Quincunx-Fall und für den separablen Fall dargestellt. Wir sehen, daß es „zweimal so viele" Skalierungsfunktionen in V_0 gibt, als es in V_{-1} im Quincunx-Fall gibt. Somit erscheint es plausibel, daß die Differenz zwischen V_0 und V_{-1} von $\psi(D^{-1}x - k)$ für *ein* Wavelet ψ aufgespannt werden muß. Dieses etwas intuitive Argument läßt sich tatsächlich streng begründen, aber wir werden das hier nicht tun. Stattdessen stellen wir fest, daß es im separablen Fall „viermal soviele" Skalierungsfunktionen in V_0 als in V_{-1} gibt und daß wir *drei* verschiedene Wavelets brauchen. Dilatierte und translatierte Wavelets können nun wie folgt definiert werden:

$$\psi_{j,k}(x) = 2^{j/2}\psi(D^j x - k); \quad j \in \mathbb{Z}, k \in \mathbb{Z}^2.$$

Ihre zugeordneten Detail-Räume werden mit W_j bezeichnet. Die Forderungen $V_j \subset V_{j+1}$ und $W_j \subset V_{j+1}$ induzieren die Skalierungs- und die Wavelet-Gleichung

$$\varphi(x) = \sum_k h_k \varphi(Dx - k) \quad \text{und} \quad \psi(x) = \sum_k g_k \varphi(Dx - k).$$

Wieder werden die Skalierungsfunktion und das Wavelet vollständig durch die Tiefpaß- und Hochpaß-Filterkoeffizienten (h_k) und (g_k) bestimmt. Im biorthogonalen Fall haben wir auch die dualen Skalierungsfunktionen und Wavelets, welche die dualen Skalierungs- und Wavelet-Gleichungen mit den dualen Filtern $(\widetilde{h}_k)$ und $(\widetilde{g}_k)$ erfüllen. Die Biorthogonalitätsbedingungen für Wavelets und Skalierungsfunktionen lassen sich in Bedingungen für die Filter transformieren. Im Frequenzbereich werden sie zu

(5.9)
$$
\begin{aligned}
\widetilde{H}(\xi_1, \xi_2)\overline{H(\xi_1, \xi_2)} + \widetilde{H}(\xi_1 + \pi, \xi_2 + \pi)\overline{H(\xi_1 + \pi, \xi_2 + \pi)} &= 1, \\
\widetilde{G}(\xi_1, \xi_2)\overline{G(\xi_1, \xi_2)} + \widetilde{G}(\xi_1 + \pi, \xi_2 + \pi)\overline{G(\xi_1 + \pi, \xi_2 + \pi)} &= 1, \\
\widetilde{G}(\xi_1, \xi_2)\overline{H(\xi_1, \xi_2)} + \widetilde{G}(\xi_1 + \pi, \xi_2 + \pi)\overline{H(\xi_1 + \pi, \xi_2 + \pi)} &= 0, \\
\widetilde{H}(\xi_1, \xi_2)\overline{G(\xi_1, \xi_2)} + \widetilde{H}(\xi_1 + \pi, \xi_2 + \pi)\overline{G(\xi_1 + \pi, \xi_2 + \pi)} &= 0.
\end{aligned}
$$

Die Konstruktion der biorthogonalen Quincunx-Wavelets läuft auf die Konstruktion von Filtern hinaus, die diese Gleichungen erfüllen. Eine mögliche Methode besteht darin, mit einer Menge von symmetrischen biorthogonalen Filtern in einer Dimension zu beginnen. Diese sind sämtlich Polynome in $\cos\omega$, und ersetzt man $\cos\omega$ durch $\frac{1}{2}(\cos\xi_1 + \cos\xi_2)$, dann erhält man zweidimensionale Filter, die (5.9) erfüllen.

Bei der Forward-Wavelet-Transformation beginnen wir mit der feinsten Skala mit $f_J \in V_j$ und führen rekursiv folgende Zerlegung durch:

$$
\sum_k s_{j+1,k}\varphi_{j+1,k}(x) = f_{j+1}(x)
$$

$$
= f_j(x) + d_j(x) = \sum_k s_{j,k}\varphi_{j,k}(x) + \sum_k w_{j,k}\psi_{j,k}(x).
$$

Wir berechnen s_j und w_j aus s_{j+1} mit Hilfe der Analyse-Filter

$$
s_j = (\downarrow 2)_D \widetilde{H}^* s_{j+1} \quad \text{und} \quad w_j = (\downarrow 2)_D \widetilde{G}^* s_{j+1}.
$$

Der Downsampling-Operator $(\downarrow 2)_D$ eliminiert alle Koeffizienten mit Ausnahme derjenigen, die Indizes $k \in D\mathbb{Z}^2$ haben. Diese werden mitunter als *gerade Indizes* bezeichnet und alle anderen Indizes heißen *ungerade*. Bei der inversen Wavelet-Transformation rekonstruieren wir sukzessive die Werte s_{j+1} aus s_j und w_j, indem wir die Synthese-Filter

$$
s_{j+1} = H(\uparrow 2)_D s_j + G(\uparrow 2)_D w_j
$$

verwenden, wobei der Upsampling-Operator $(\uparrow 2)_D$ Nullen an den ungeraden Indizes stehen läßt.

Aufgrund ihrer Konstruktion behandeln die Quincunx-Wavelets die Koordinatenrichtung und die Diagonalrichtung in gleicher Weise, und wir haben

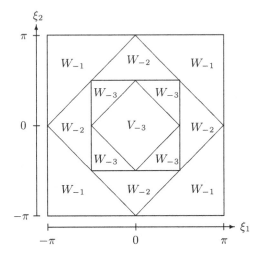

Abb. 5.9. Die ideale Frequenzebenen-Zerlegung für Quincunx-Wavelets

eine größere Rotationsinvarianz erreicht als bei separablen Wavelets. Eine 45°-Rotation bewegt (approximativ) die Frequenzkanäle um einen Schritt: W_j wird zu W_{j+1}. Das steht in einem scharfen Gegensatz zum separablen Fall, in dem die gleiche Rotation den Frequenzkanal $\mathbf{W}^D$ in $\mathbf{W}^H$ und $\mathbf{W}^V$ aufteilt und die beiden letzteren $\mathbf{W}^D$ gemischt sind. In Abb. 5.9 haben wir die Frequenzebenen-Zerlegung für Quincunx-Wavelets dargestellt.

Hexagonale Wavelets

Ein Quincunx-Wavelet hat eine größere Rotationsinvarianz, weil in der Dilatationsmatrix eine Rotation enthalten ist. Eine andere Methode besteht darin, ein von $\mathbb{Z}^2$ verschiedenes Sampling-Gitter zu verwenden. Eine Alternative ist die Verwendung des *Hexagonalgitters* $\boldsymbol{\Gamma}$ in Abb. 5.10.

Eine interessante Eigenschaft des hexagonalen Gitters besteht darin, daß es eine optimale Sampling-Dichte für bandbegrenzte Funktionen liefert, die keine Richtungspräferenz haben. Genauer gesagt, sei f zirkulär bandbegrenzt, das heißt, $\widehat{f}(\xi) = 0$ für $|\xi| > \pi$. Das Sampling auf dem Gitter $\mathbb{Z}^2$ ist dem Quadrat $-\pi \leq \xi_1, \xi_2 \leq \pi$ im Frequenzbereich zugeordnet; eine in diesem Frequenzbereich bandbegrenzte Funktion läßt sich aus ihren Sample-Werten auf dem Gitter $\mathbb{Z}^2$ exakt rekonstruieren. Äquivalent kann eine auf dem Hexagonalgitter gesampelte Funktion aus den Sample-Werten rekonstruiert werden, falls sie auf den hexagonalen Bereich in Abb. 5.10 bandbegrenzt ist. Wir sehen anhand dieser Abbildung, daß man im hexagonalen Fall eine – im Vergleich zum rektangulären Sampling – kleinere Fläche[1] im Frequenzbereich überdecken muß, um die Funktion f aus ihren Sample-Werten zu rekonstruieren. Diese

---

[1] Die Fläche ist $13,4\%$ kleiner.

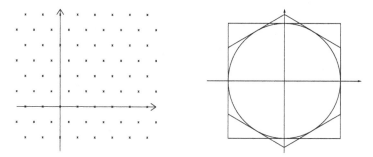

Abb. 5.10. Das Hexagonalgitter (links) und die Samplingfrequenz-Bereiche (rechts) für rektanguläres und hexagonales Sampling

Flächen sind proportional zu den *Sampling-Dichten*, die den Gittern entsprechen, das heißt, der Anzahl der Sample-Punkte pro Einheitsfläche. Verwenden wir also das Hexagonalgitter, dann brauchen wir $13,4\%$ weniger Sample-Werte der zirkulär bandbegrenzten Funktion f, als es beim üblichen rektangulären Sampling-Gitter der Fall ist.

Der Approximationsraum V_0 wird von den Skalierungsfunktionen $\varphi(x-\gamma)$ aufgespannt, wobei $\gamma \in \Gamma$. Wir verschieben also φ längs des Hexagonalgitters. Unter der Voraussetzung, daß φ in Bezug auf den Ursprung zentriert ist, gibt es *eine* Skalierungsfunktion, die in Bezug auf jeden Punkt des Hexagonalgitters zentriert ist. Die dilatierten, translatierten und normalisierten Skalierungsfunktionen sind definiert durch

$$\varphi_{j,\gamma}(x) = 2^j \varphi(2^j x - \gamma), \quad j \in \mathbb{Z}, \gamma \in \Gamma.$$

Es ist auch möglich, eine Dilatationsmatrix D zu verwenden, die eine Rotation enthält, aber wir betrachten hier nur ein reines Skalieren mit 2. In diesem Fall werden drei Wavelets ψ^1, ψ^2 und ψ^3 benötigt, um die Differenz von V_1 und V_0 aufzuspannen.

Bei entsprechender Konstruktion ist die Skalierungsfunktion invariant gegenüber 60°-Drehungen und jedem Wavelet ist eine der Richtungen von Abb. 5.11 zugeordnet. Genauer gesagt: ψ^1 oszilliert in der x_1-Richtung und man hat $\psi^2(x) = \psi^1(R_{60°}x)$, $\psi^3(x) = \psi^1(R_{120°}x)$, wobei $R_{60°}$ und $R_{120°}$ Drehungen von 60° und von 120° im Uhrzeigersinn bezeichnen. In Abb. 5.11 haben wir auch die Frequenzebenen-Zerlegung dargestellt, die diesen Wavelets zugeordnet ist.

Die Konstruktion derartiger Skalierungsfunktionen und Wavelets beruht auf der Konstruktion geeigneter Tiefpaß- und Hochpaß-Filter. Der Zusammenhang zwischen diesen Filtern und Skalierungsfunktionen sowie Wavelets wird durch Skalierungs- und Wavelet-Gleichungen hergestellt. Die Filter müssen gewisse Biorthogonalitätsbedingungen (perfekte Rekonstruktion) erfüllen. Wir gehen hier nicht auf Einzelheiten ein, sondern weisen nur darauf hin, daß die Filterkonstruktion im Hexagonalgitter sehr viel komplizierter wird.

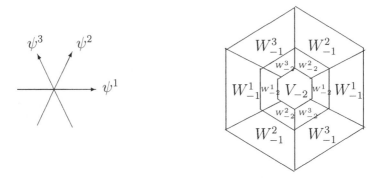

Abb. 5.11. Hexagonale Wavelets und ihre Frequenzebenen-Zerlegung

5.4 Bemerkungen

In der Arbeit [9] von Cohen und Daubechies konstruieren die Verfasser verschiedene Quincunx-Wavelet-Basen und untersuchen deren Regularität. Folgende Tatsache ist interessant: Ist D eine Rotation, dann können orthogonale Wavelcts höchstens kontinuierlich sein; hingegen sind beliebige reguläre orthogonale Wavelets möglich, wenn D auch eine Spiegelung einschließt. Für biorthogonale Wavelets läßt sich eine beliebige Regularität für beide Auswahlmöglichkeiten von D erreichen. Einige Wavelets auf dem Hexagonalgitter werden von Cohen und Schlenker in [10] konstruiert.

Abschließend sei bemerkt, daß es eine Theorie zur Konstruktion von Skalierungsfunktionen und Wavelets für allgemeinere Sampling-Gitter Γ und Dilatationsmatrizen D gibt. Im Artikel von Strichartz [28] wird diese Theorie zusammen mit einer allgemeinen Konstruktion orthogonaler Wavelets dargelegt. Diese Wavelets können beliebig glatt gemacht werden, aber sie haben keinen kompakten Träger. Tatsächlich lassen sie sich als eine Verallgemeinerung der Battle-Lemarié-Wavelets auffassen, die wir in Abschnitt 8.4 angeben.

6

Das Lifting-Schema

Wir betrachten hier die Frage der Charakterisierung der mit einem kompakten Träger versehenen biorthogonalen Wavelet-Basen (vgl. Kapitel 3), die beispielsweise denselben Tiefpaß-Filter haben.[1] Wir verwenden hierzu den Euklidischen Divisionalgorithmus zur Zerlegung des Filter-„Polynoms" in gerade und ungerade Glieder.

Darüber hinaus beschreiben wir, wie sich eine beliebige mit einem kompakten Träger versehene biorthogonale Filterbank sukzessiv durch durch „Lifting-Schritte" aufbauen läßt, indem man mit dem trivialen Subsampling von Elementen mit geraden und ungeraden Indizes beginnt. Die Konstruktion folgt aus der Faktorisierung, die man durch den Euklidischen Algorithmus erhält. Dieses Verfahren wurde auf die Konstruktion von „integer to integer" MSA-Filterbänken[2] angewendet, was eine verlustlose Codierung ermöglicht.

Die aufeinanderfolgenden Lifting-Schritte lassen sich auch dazu benutzen, die Filter maßgeschneidert an das Signal anzupassen, indem man ein Vorhersage-Schema für die Konstruktion der Hochpaß-Filter verwendet.

6.1 Die Grundidee

Ein Lifting-Schritt

Die Grundidee beim Lifting-Schema besteht darin, mit Hilfe einer Folge von *Lifting-Schritten* größere Filter aus sehr einfachen Filtern aufzubauen. In Abb. 6.1 zeigen wir den Lifting-Schritt. Wir speisen s_{j+1} in den Analyse-Teil einer Filterbank mit den Filtern h und g ein (einschließlich Downsampling), um

---

[1] Aus praktischen Notationsgründen bezeichne in diesem Kapitel h und $\tilde{h}$ usw. die Analyse- bzw. die Synthese-Filterfunktion. An anderer Stelle verwenden wir $\tilde{H}$ und H als entsprechende Schreibweise, das heißt, die umgekehrte Reihenfolge und Großbuchstaben.

[2] MSA steht für Multi-Skalen-Analyse.

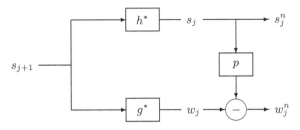

Abb. 6.1. Der Lifting-Schritt

s_j und w_j zu erhalten. Danach bilden wir „neue" Skalierungs- und Wavelet-Koeffizienten

$$s_j^n = s_j \quad \text{und} \quad w_j^n = w_j - ps_j,$$

wobei p einen Filter bezeichnet. Man beachte, daß

$$w_j^n = g^* s_{j+1} - ph^* s_{j+1} = (g^* - ph^*)s_{j+1} = (g - hp^*)^* s_{j+1},$$

so daß s_j^n und w_j^n das Ergebnis der Anwendung „neuer" Filter auf s_{j+1} ist:

$$s_j^n = h^{n*} s_{j+1} \quad \text{und} \quad w_j^n = g^{n*} s_{j+1},$$

wobei

$$h^n = h \quad \text{und} \quad g^n = g - hp^*.$$

Zur Rekonstruktion von s_{j+1} aus s_j^n und w_j^n verfahren wir einfach so wie in Abb. 6.2 angegeben. Das läuft daraus hinaus, die neuen gelifteten Synthese-Filter

$$\widetilde{h}^n = \widetilde{h} + \widetilde{g}p \quad \text{und} \quad \widetilde{g}^n = \widetilde{g},$$

anzuwenden und

$$s_{j+1} = \widetilde{h}^n s_j^n + \widetilde{g}^n w_j^n$$

zu berechnen.

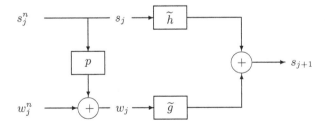

Abb. 6.2. Invertieren der gelifteten Filterbank

Der Zusammenhang zwischen dem ursprünglichen Filter und den gelifteten Filtern im Fourier-Bereich läßt sich in Matrixform durch

$$(6.1\text{a}) \qquad \begin{bmatrix} \widetilde{h}^n(\omega) \\ \widetilde{g}^n(\omega) \end{bmatrix} = \begin{bmatrix} 1 & s(\omega) \\ 0 & 1 \end{bmatrix} \begin{bmatrix} \widetilde{h}(\omega) \\ \widetilde{g}(\omega) \end{bmatrix},$$

$$(6.1\text{b}) \qquad \begin{bmatrix} \widetilde{h}^n(\omega) \\ g^n(\omega) \end{bmatrix} = \begin{bmatrix} 1 & 0 \\ -s(\omega) & 1 \end{bmatrix} \begin{bmatrix} h(\omega) \\ g(\omega) \end{bmatrix}$$

darstellen, wobei $s(\omega)$ die Filterfunktion für p ist.

Zur Motivierung des Lifting-Schritts betrachten wir ein einfaches Beispiel, bei dem die Anfangsfilter die Lazy-Filter sind, das heißt,

$$s_{j,k} = s_{j+1,2k} \quad \text{und} \quad w^n_{j,k} = s_{j+1,2k+1}.$$

Im Hinblick auf eine Kompression ist das kein nützliches Filterpaar, denn man kann nicht erwarten, daß viele Wavelet-Koeffizienten klein sind. Das ist die Stelle, an der der *Vorhersage-Filter* p die Bühne betritt. Wir versuchen, die ungeradzahlig indizierten Skalierungskoeffizienten mit Hilfe einer linearen Interpolation aus den geradzahlig indizierten Skalierungskoeffizienten vorherzusagen:

$$\widehat{s}_{j+1,2k+1} = \frac{1}{2}(s_{j+1,2k} + s_{j+1,2k+2}), \text{or} \quad \widehat{w}_{j,k} = ps_{j,k} = \frac{1}{2}(s_{j,k} + s_{j,k+1}).$$

Die neuen Wavelet-Koeffizienten werden dann die Vorhersage-Fehler

$$\begin{aligned} w^n_{j,k} &= w_{j,k} - \widehat{w}_{j,k} \\ &= s_{j+1,2k+1} - \frac{1}{2}(s_{j+1,2k} + s_{j+1,2k+2}) \\ &= -\frac{1}{2}s_{j+1,2k} + s_{j+1,2k+1} - \frac{1}{2}s_{j+1,2k+2}. \end{aligned}$$

Wir sehen, daß $g^n_0 = g^n_2 = -1/2$ der neue Hochpaß-Filter ist, $g^n_1 = 1$ ist und alle anderen $g^n_k = 0$ sind.

In Bereichen, in denen das Signal glatt ist, kann man erwarten, daß die Vorhersage exakt ist und demnach die entsprechenden Wavelet-Koeffizienten klein sind. Eine eingehendere Analyse lehrt, daß der Lifting-Schritt die Anzahl der verschwindenden Momente erhöht, und zwar von 0 bei der Lazy-Wavelet-Transformation auf bis zu 2 verschwindende Momente. (Bei linearen Polynomen sind die Wavelet-Koeffizienten gleich 0).

Duales Lifting

Nach dem Lifting-Schritt haben sich die Wavelet-Koeffizienten geändert, aber die Skalierungskoeffizienten sind unverändert geblieben. Letztere können durch einen *dualen Lifting-Schritt* so aktualisiert werden, wie in Abb. 6.3

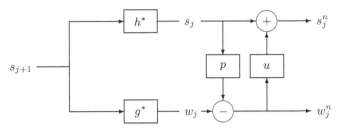

Abb. 6.3. Duales Lifting

dargestellt. Wir wenden einen „updating"-Filter u auf die gelifteten Wavelet-Koeffizienten an und erhalten neue Skalierungskoeffizienten $s_j^n = s_j + u w_j^n$.

Der Grund für das Aktualisieren der Skalierungskoeffizienten besteht darin, ein Aliasing zu vermeiden. In unserem Fall mit den Lazy-Filtern haben alle Signale mit den gleichen geradzahlig indizierten Skalierungskoeffizienten $s_{j+1,2k}$ im nächsten Level die gleichen Skalierungskoeffizienten. Um diesen Umstand (teilweise) zu vermeiden, können wir für den Mittelwert der Skalierungskoeffizienten eine Konstante erzwingen, das heißt,

$$\sum_k s_{j,k}^n = \sum_k s_{j+1,2k}.$$

Das ist in der Tat dazu äquivalent, *ein* duales verschwindendes Moment zu haben. Wir werden das nicht weiter begründen, sondern machen mit folgendem Ansatz weiter:

$$\begin{aligned} s_{j,k}^n &= s_{j,k} + u w_{j,k}^n \\ &= s_{j,k} + A w_{j,k}^n + B w_{j,k-1}^n \\ &= -B/2\, s_{j+1,2k-2} + B s_{j+1,2k-1} + (1 - A/2 - B/2) s_{j+1,2k} \\ &\quad + A s_{j+1,2k+1} - A/2\, s_{j+1,2k+2}. \end{aligned}$$

Man sieht unschwer, daß $A = B = 1/4$ einen konstanten Mittelwert liefert. In diesem Fall werden $h_{-2}^n = h_2^n = -1/8$, $h_{-1}^n = h_1^n = 1/4$ und $h_0^n = 3/4$ die neuen Tiefpaß-Synthese-Filter und alle anderen $h_k^n = 0$. Die neuen Filter (h_k^n) und (g_k^n) sind die Analyse-Filter, die zur Hut-Skalierungsfunktion und zum Wavelet in Abb 4.7 gehören.

Das duale Lifting wirkt sich folgendermaßen auf die Filter aus:

(6.2a)
$$\begin{bmatrix} \widetilde{h}^n(\omega) \\ \widetilde{g}^n(\omega) \end{bmatrix} = \begin{bmatrix} 1 & 0 \\ -t(\omega) & 1 \end{bmatrix} \begin{bmatrix} \widetilde{h}(\omega) \\ \widetilde{g}(\omega) \end{bmatrix},$$

(6.2b)
$$\begin{bmatrix} h^n(\omega) \\ g^n(\omega) \end{bmatrix} = \begin{bmatrix} 1 & t(\omega) \\ 0 & 1 \end{bmatrix} \begin{bmatrix} h(\omega) \\ g(\omega) \end{bmatrix},$$

wobei $t(\omega)$ die Filterfunktion für u ist.

6.2 Faktorisierungen

Wir hatten in Kapitel 3 gesehen, daß jeder biorthogonalen Wavelet-Basis mit endlichem Träger „Polynome" entsprechen, die bis auf Verschiebungen und Multiplikation mit Skalaren eindeutig definiert sind. Ein solches „Polynom" läßt sich in der Form

$$h(z) = \sum_{k=0}^{L-1} h_k z^{-k}$$

schreiben. (Eine Verschiebung erzeugt $\sum_{k=0}^{L-1} h_k z^{-k-N} = \sum_{k=-N}^{L-1-N} h_{k+N} z^{-k}$.)

Ebenso hatten wir in Kapitel 3 gesehen, daß es drei weitere Polynome $\tilde{h}, g, \tilde{g}$ derart gibt, daß

$$\begin{cases} h(z)\tilde{h}(z^{-1}) + g(z)\tilde{g}(z^{-1}) = 2 \\ h(z)\tilde{h}(-z^{-1}) + g(z)\tilde{g}(-z^{-1}) = 0 \end{cases}$$

Das sind die Bedingungen für die perfekte Rekonstruktion aus der Analyse. Wir können diese Bedingungen mit Hilfe der Modulationsmatrix folgendermaßen (mit Redundanz darstellen):

$$\begin{bmatrix} h(z^{-1}) & g(z^{-1}) \\ h(-z^{-1}) & g(-z^{-1}) \end{bmatrix} \begin{bmatrix} \tilde{h}(z) & \tilde{h}(-z) \\ \tilde{g}(z) & \tilde{g}(-z) \end{bmatrix} = 2 \begin{bmatrix} 1 & 0 \\ 0 & 1 \end{bmatrix}.$$

Wir teilen nun jedes Polynom in einen geraden und einen ungeraden Teil

$$h(z) = h_e(z^2) + z^{-1} h_o(z^2)$$

auf, wobei

$$h_e(z^2) := (h(z) + h(-z))/2, \quad h_o(z^2) := (h(z) - h(-z))/(2z^{-1})$$

und wir definieren die *Polyphasenmatrix* P (und analog $\tilde{P}$) durch

$$P(z^2) := \begin{bmatrix} h_e(z^2) & g_e(z^2) \\ h_o(z^2) & g_o(z^2) \end{bmatrix} = \frac{1}{2} \begin{bmatrix} 1 & 1 \\ z & -z \end{bmatrix} \begin{bmatrix} h(z) & g(z) \\ h(-z) & g(-z) \end{bmatrix}.$$

Die Matrix läßt sich nun als

$$\tilde{P}(z^{-1})^t P(z) = I$$

schreiben, wobei I die Einheitsmatrix ist. Wir verschieben und skalieren nun g und $\tilde{g}$ derart, daß $\det P(z) \equiv 1$.[3]

Man beachte, daß.die Basis genau dann orthogonal ist, wenn $P = \tilde{P}$, das heißt, $h = \tilde{h}$ und $g = \tilde{g}$.

---

[3] Das ist möglich, denn $\det P(z)$ muß die Länge 1 haben, falls die inverse Matrix $\tilde{P}(z^{-1})^t$ nur Polynome enthalten soll. Skalieren und Verschiebungen erfolgen demnach im Einklang.

Bei einem Blick auf $\tilde{P}(z^{-1})^t P(z) = I$ stellen wir fest, daß P (das heißt, h und g) die Matrix $\tilde{P}$ (das heißt, $\tilde{h}$ und $\tilde{g}$) bestimmt, denn die Matrix $\tilde{P}(z^{-1})^t$ ist die Inverse der Matrix $P(z)$ und $\det P(z) = 1$.

Wir werden sogar Folgendes sehen: Ist h so gegeben, daß h_e und h_o keine gemeinsamen Nullstellen (außer 0 und ∞) haben, dann läßt sich so ein P (und somit auch $\tilde{P}$) unter Anwendung des Euklidischen Divisionsalgorithmus auf die gegebenen h_e und h_o konstruieren.

Wir geben den Euklidische Divisionsalgorithmus für ganze Zahlen nun in einem speziellen Fall an, durch den das allgemeine Prinzip offensichtlich wird.

Beispiel 6.1. Wir möchten den größten gemeinsamen Teiler von 85 und 34 finden und gehen folgendermaßen vor:

$$85 = 2 \cdot 34 + 17$$
$$34 = 2 \cdot 17 + 0,$$

wobei wir $2 \cdot 34 \leq 85 < 3 \cdot 34$ verwenden. Offensichtlich ist 17 ein Teiler von 34 und 85, und es ist der größte gemeinsame Teiler. Wir machen nun mit 83 und 34 weiter:

$$83 = 2 \cdot 34 + 15$$
$$34 = 2 \cdot 15 + 4$$
$$15 = 3 \cdot 4 + 3$$
$$4 = 1 \cdot 3 + 1$$
$$3 = 3 \cdot 1 + 0.$$

Das bedeutet, daß 1 der größte gemeinsame Teiler von 83 und 34 ist, das heißt, beide Zahlen sind teilerfremd. In Matrixschreibweise hat man

$$\begin{bmatrix} 83 \\ 34 \end{bmatrix} = \begin{bmatrix} 2 & 1 \\ 1 & 0 \end{bmatrix} \begin{bmatrix} 2 & 1 \\ 1 & 0 \end{bmatrix} \begin{bmatrix} 3 & 1 \\ 1 & 0 \end{bmatrix} \begin{bmatrix} 1 & 1 \\ 1 & 0 \end{bmatrix} \begin{bmatrix} 3 & 1 \\ 1 & 0 \end{bmatrix} \begin{bmatrix} 1 \\ 0 \end{bmatrix}$$

$\square$

Mit den Polynomen in der Polyphasenmatrix können wir analog verfahren, aber die Folge der Teilungsschritte ist nicht mehr eindeutig, wie wir anhand der folgenden Beispiele sehen. Wir sind nur an dem Fall interessiert, in dem die zu dividierenden Polynome „teilerfremd" sind, daß heißt, sie haben keine gemeinsamen Nullstellen (außer 0 und ∞).

Beispiel 6.2. Man setze $h(z) = 1 + z^{-1} + 4z^{-2} + z^{-3} + z^{-4}$ und somit $\tilde{h}_e(z) = 1 + 4z^{-1} + z^{-2}, h_o(z) = 1 + z^{-1}$. Wir dividieren h_e durch h_o, wobei wir fordern, daß die Länge des Restes echt kleiner ist, als die Länge von h_o. Das ist auf dreierlei Weise möglich:

$$1 + 4z^{-1} + z^{-2} = (1 + z^{-1})(1 + z^{-1}) + 2z^{-1}$$
$$1 + 4z^{-1} + z^{-2} = (1 + 3z^{-1})(1 + z^{-1}) - 2z^{-2}$$
$$1 + 4z^{-1} + z^{-2} = (3 + z^{-1})(1 + z^{-1}) - 2.$$

Diese Division ist also nicht eindeutig. Wir wählen die erste Division und setzten den Algorithmus fort:

$$1 + z^{-1} = 2z^{-1}(1/2\,z + 1/2) + 0.$$

Der Algorithmus stoppt hier, wenn der Rest gleich 0 ist. Wir können die Schritte des Algorithmus wie folgt darstellen:

$$\begin{bmatrix} 1 + 4z^{-1} + z^{-2} \\ 1 + z^{-1} \end{bmatrix} = \begin{bmatrix} 1 + z^{-1} & 1 \\ 1 & 0 \end{bmatrix} \begin{bmatrix} 1/2z + 1/2 & 1 \\ 1 & 0 \end{bmatrix} \begin{bmatrix} 2z^{-1} \\ 0 \end{bmatrix}.$$

Man beachte, daß die Anzahl der Schritte durch die Länge der Division beschränkt ist, die im vorliegenden Fall gleich 2 ist. □

Wenn der gemeinsame Faktor die Länge 1 hat, dann haben die beiden Polynome h_e und h_o keine gemeinsamen Nullstellen außer möglicherweise 0 und ∞.

Beispiel 6.3. Der Haarsche Fall läßt sich durch $h(z) = 1 + z^{-1}$ mit $h_e(z) = h_o(z) \equiv 1$ darstellen. Der Algorithmus kann dann durch

$$\begin{bmatrix} 1 \\ 1 \end{bmatrix} = \begin{bmatrix} 1 & 1 \\ 1 & 0 \end{bmatrix} \begin{bmatrix} 1 \\ 0 \end{bmatrix}$$

dargestellt werden, womit ein Schritt ausgeführt ist. □

Wir erhalten schließlich die nachstehende Faktorisierung (6.3):

$$\begin{bmatrix} h_e(z) \\ h_o(z) \end{bmatrix} = \prod_{i=1}^{k/2} \begin{bmatrix} 1 & s_i(z) \\ 0 & 1 \end{bmatrix} \begin{bmatrix} 1 & 0 \\ t_i(z) & 1 \end{bmatrix} \begin{bmatrix} C \\ 0 \end{bmatrix}.$$

Wir geben nun ein Argument an, das zur Faktorisierung (6.3) führt. Aus den Beispielen erhalten wir das Schema

$$\begin{bmatrix} h_e(z) \\ h_o(z) \end{bmatrix} = \begin{bmatrix} q_1(z) & 1 \\ 1 & 0 \end{bmatrix} \cdots \begin{bmatrix} q_k(z) & 1 \\ 1 & 0 \end{bmatrix} \begin{bmatrix} r_k(z) \\ 0 \end{bmatrix},$$

wobei $r_k(z)$ größter gemeinsamer Faktor von $h_e(z)$ und $h_o(z)$ ist. Die Nullstellen von $r_k(z)$ sind (mit Ausnahme von 0 und ∞) genau die gemeinsamen Nullstellen von $h_e(z)$ und $h_o(z)$.

Treten $h_e(z)$ und $h_o(z)$ in einer Spalte einer Polyphasenmatrix $P(z)$ auf, für die det $P(z) = 1$, dann muß offensichtlich jedes $r_k(z)$ die Länge 1 haben, das heißt, $r_k(z) = Cz^M$ gilt für eine ganze Zahl M und eine von 0 verschiedene Konstante C. ($r_k(z)$ faktorisiert det $P(z)$, denn es tritt als Faktor in der ersten Spalte auf.)

Wir betrachten jetzt eine Polyphasenmatrix

$$P(z) = \begin{bmatrix} h_e(z) & g_e(z) \\ h_o(z) & g_o(z) \end{bmatrix}$$

mit det $P(z) = 1$. Wir sehen, daß

$$\begin{bmatrix} q_i(z) & 1 \\ 1 & 0 \end{bmatrix} = \begin{bmatrix} 0 & 1 \\ 1 & 0 \end{bmatrix} \begin{bmatrix} 1 & 0 \\ q_i(z) & 1 \end{bmatrix}$$

$$= \begin{bmatrix} 1 & q_i(z) \\ 0 & 1 \end{bmatrix} \begin{bmatrix} 0 & 1 \\ 1 & 0 \end{bmatrix},$$

und falls die Länge von h_e echt kleiner als die Länge von h_o ist, dann gilt $q_2(z) \equiv 0$. Deswegen können wir

$$\begin{bmatrix} h_e(z) \\ h_o(z) \end{bmatrix} = \begin{bmatrix} 1 & q_1(z) \\ 0 & 1 \end{bmatrix} \begin{bmatrix} 1 & 0 \\ q_2(z) & 1 \end{bmatrix} \cdots \begin{bmatrix} 1 & 0 \\ q_k(z) & 1 \end{bmatrix} \begin{bmatrix} r_k(z) \\ 0 \end{bmatrix}$$

schreiben, wenn k gerade ist, denn $\begin{bmatrix} 0 & 1 \\ 1 & 0 \end{bmatrix}^2 = I$. Ist k ungerade, dann können wir einen Faktor $\begin{bmatrix} 1 & 0 \\ q_{k+1} & 1 \end{bmatrix}$ mit $q_{k+1} = 0$ hinzufügen.

Nun hat das Produkt eine gerade Anzahl von Faktoren und wir erhalten die gewünschte Faktorisierung

$$(6.3) \qquad \begin{bmatrix} h_e(z) \\ h_o(z) \end{bmatrix} = \prod_{i=1}^{k/2} \begin{bmatrix} 1 & s_i(z) \\ 0 & 1 \end{bmatrix} \begin{bmatrix} 1 & 0 \\ t_i(z) & 1 \end{bmatrix} \begin{bmatrix} C \\ 0 \end{bmatrix},$$

wenn wir sowohl h_e als auch h_o um den Faktor z^M verschieben, der im Algorithmus auftritt. (Das bedeutet, daß g_e und g_o um z^{-M} verschoben werden müssen, um det $P(z) = 1$ zu erhalten.)

6.3 Lifting

Die Faktorisierung (6.3) liefert eine Polyphasenmatrix $P^n(z)$ durch

$$P^n(z) := \begin{bmatrix} h_e(z) & g_e^n(z) \\ h_o(z) & g_o^n(z) \end{bmatrix} := \prod_{i=1}^{k/2} \begin{bmatrix} 1 & s_i(z) \\ 0 & 1 \end{bmatrix} \begin{bmatrix} 1 & 0 \\ t_i(z) & 1 \end{bmatrix} \begin{bmatrix} C & 0 \\ 0 & 1/C \end{bmatrix},$$

wobei die letzte Skalierung $1/C$ so gewählt wird, daß man det $P^n(z) = 1$ erhält. Hier gibt der obere Index n an, daß g_e^n und g_o^n nicht von dem gleichen Hochpaß-Filter g kommen, mit dem wir in P angefangen hatten. Wir haben lediglich den Euklidischen Algorithmus auf h_e und h_o angewendet, ohne g zu berücksichtigen.

Darüber hinaus steht bei einer gegebenen Polyphasenmatrix $P(z)$ jedes $P^n(z)$ mit demselben $h(z)$, das heißt, mit identischen ersten Spalten und det $P^n(z) = \det P(z) = 1$, zu $P(z)$ durch die Relation

$$P^n(z) = P(z) \begin{bmatrix} 1 & s(z) \\ 0 & 1 \end{bmatrix}$$

für ein Polynom $s(z)$ in Beziehung. Analog erfüllt jedes $P^n(z)$ mit demselben $g(z)$ als $P(z)$ und mit $\det P^n(z) = 1$ die Beziehung

$$P^n(z) = P(z) \begin{bmatrix} 1 & 0 \\ t(z) & 1 \end{bmatrix}$$

für ein Polynom $t(z)$. In diesen beiden Fällen sagt man, daß man P^n aus P durch *Lifting* bzw. *duales Lifting*, erhält.

Unter Verwendung dieser Terminologie können wir die nachstehende Schlußfolgerung ziehen: Jede Polyphasenmatrix läßt sich aus dem trivialen Subsampling geradzahlig und ungeradzahlig indizierter Elemente (mit der trivialen Polyphasenmatrix I, das heißt, $h(z) = 1$ und $g(z) = z^{-1}$) sowie durch anschließende Lifting-Schritte, duale Lifting-Schritte und Skalieren gewinnen.

6.4 Implementierungen

Wir wenden uns nun der Frage zu, wie die Faktorisierung implementiert wird. Die Polyphasenmatrix $P(z)^t$ führt den Analyse-Teil der Transformation durch. Zum Beispiel repräsentiert mit dem obigen $x(z) = x_e(z^2) + z^{-1}x_o(z^2)$ die Darstellung

$$P(z)^t \begin{bmatrix} x_e(z) \\ x_o(z) \end{bmatrix} = \begin{bmatrix} h_e(z)x_e(z) + h_o(z)x_o(z) \\ g_e(z)x_e(z) + g_o(z)x_o(z) \end{bmatrix}$$

die geradzahlig numerierten Einträge der Ausgaben $h(z)x(z)$ und $g(z)x(z)$ nach dem Subsampling.

Insbesondere diskutieren wir jetzt den Haarschen Fall mit $h(z) = 1 + z^{-1}$.

Beispiel 6.4. Wenden wir den Algorithmus auf den Haarschen Tiefpaß-Filter $h(z) = 1 + z^{-1}$ an, dann haben wir $h_e(z) = h_o(z) = 1$ und erhalten

$$\begin{bmatrix} 1 \\ 1 \end{bmatrix} = \begin{bmatrix} 1 & 0 \\ 1 & 1 \end{bmatrix} \begin{bmatrix} 1 \\ 0 \end{bmatrix}.$$

Das liefert

$$P^n(z) = \begin{bmatrix} 1 & 0 \\ 1 & 1 \end{bmatrix} = \begin{bmatrix} 1 & 0 \\ 1 & 1 \end{bmatrix} \begin{bmatrix} 1 & 0 \\ 0 & 1 \end{bmatrix}$$

das heißt, $g^n(z) = z^{-1}$, und

$$\tilde{P}^n(z^{-1}) = (P^n(z)^t)^{-1} = \begin{bmatrix} 1 & -1 \\ 0 & 1 \end{bmatrix},$$

was seinerseits $\tilde{h}^n(z) = 1$ und $\tilde{g}^n(z) = -1 + z$ bedeutet. □

Betrachten wir die übliche Haarsche Polyphasenmatrix

$$P(z) = \begin{bmatrix} 1 & -1/2 \\ 1 & 1/2 \end{bmatrix},$$

das heißt, $h(z) = 1 + z^{-1}$ und $g(z) = -1/2 + 1/2z^{-1}$, dann haben wir (identische erste Spalten)

$$P^n(z) = P(z) \begin{bmatrix} 1 & s(z) \\ 0 & 1 \end{bmatrix},$$

wobei nun $s(z) = 1/2$.
Äquivalent ist

$$P(z) = P^n(z) \begin{bmatrix} 1 & -1/2 \\ 0 & 1 \end{bmatrix} = \begin{bmatrix} 1 & 0 \\ 1 & 1 \end{bmatrix} \begin{bmatrix} 1 & -1/2 \\ 0 & 1 \end{bmatrix}.$$

Dementsprechend erhalten wir

$$\tilde{P}(z^{-1}) = \begin{bmatrix} 1 & -1 \\ 0 & 1 \end{bmatrix} \begin{bmatrix} 1 & 0 \\ 1/2 & 1 \end{bmatrix}$$

Diese Faktorisierung in einen Lifting-Schritt und einen dualen Lifting-Schritt wird folgendermaßen implementiert.

Wir bezeichnen mit $\{x_k\}_k$ das zu analysierende Signal[4] und es seien $\{v_k^{(j)}\}_k$ und $\{u_k^{(j)}\}_k$ seine sukzessiven Tiefpaß- und Hochpaß-Komponenten nach der Phase $j = 1, 2, \ldots$. In unserem Beispiel wird das für die Analyse zu

$$\begin{cases} v_k^{(1)} = x_{2k} \\ u_k^{(1)} = x_{2k+1} \end{cases}$$

$$\begin{cases} v_k^{(2)} = v_k^{(1)} + u_k^{(1)} \\ u_k^{(2)} = u_k^{(1)} \end{cases}$$

$$\begin{cases} v_k = v_k^{(2)} \\ u_k = -1/2v_k^{(2)} + u_k^{(2)} \end{cases}$$

wobei jeder Schritt einem Matrixfaktor entspricht.

---

[4] In Abschnitt 6.1 hatten wir hierfür den Buchstaben s anstelle von x verwendet.

Für die Rekonstruktion werden die Schritte umgekehrt:

$$\begin{cases} v_k^{(2)} = v_k \\ u_k^{(2)} = 1/2v_k + u_k \end{cases}$$

$$\begin{cases} v_k^{(1)} = v_k^{(2)} - u_k^{(2)} \\ u_k^{(1)} = u_k^{(2)} \end{cases}$$

$$\begin{cases} x_{2k} = v_k^{(1)} \\ x_{2k+1} = u_k^{(1)} \end{cases}$$

Das ist ein Beispiel für eine „integer-to-integer" Transformation. Man beachte auch, daß eine derartige Faktorisierung eine Reduktion der Anzahl der Operationen darstellt, die zur Ausführung der Transformation benötigt werden.

Übungsaufgaben zu Abschnitt 6.4

Übungsaufgabe 6.1. Bestimmen Sie die Polyphasenmatrix $P(z)$ für die Lazy-Filterbank: $h(z) = \tilde{h}(z) = 1$ and $g(z) = \tilde{g}(z) = z^{-1}$. (Identität)

Übungsaufgabe 6.2. Wenden Sie den Euklidischen Divisionsalgorithmus auf die folgenden Polynome an:

$$(1 + z^{-1})(1 + 2z^{-1}) = 1 + 3z^{-1} + 2z^{-2} \quad \text{und } 1 + z^{-1}.$$

Übungsaufgabe 6.3. Bestimmen Sie voneinander verschiedene Polyphasen- und duale Polyphasenmatrizen, die das Polynom $h(z)$ von Beispiel 6.2 gemeinsam haben.

Übungsaufgabe 6.4. Was geschieht in Beispiel 6.4, wenn $h(z) = 1 + z^{-1}$ auf $1/\sqrt{2} + 1/\sqrt{2}\, z^{-1}$ skaliert wird?

6.5 Bemerkungen

Dieses Kapitel basiert auf der Arbeit Daubechies & Sweldens [12]. Für Informationen über die Konstruktion von integer-to-integer Transformationen verweisen wir auf die Arbeit Calderbank & Daubechies & Sweldens & Yeo [6]. Einen praktischen Überblick findet man im Artikel von Sweldens & Schröder [29]. Alle diese Arbeiten enthalten viele weitere Literaturhinweise.

Die kontinuierliche Wavelet-Transformation

Die kontinuierliche Wavelet-Transformation ist der Prototyp für die Wavelet-Techniken und hat ihren Platz unter den Theorien des Typs „Kernreproduktion"[1].

Im Vergleich zur diskreten Transformation bietet die kontinuierliche Transformation mehr Freiheit bei der Wahl des analysierenden Wavelets. In gewisser Weise ist die diskrete Wavelet-Transformation von Kapitel 4 eine Antwort auf die Frage, wann das dyadische Sampling der stetigen Transformation keinen Informationsverlust nach sich zieht.

Dieses Kapitel ist möglicherweise weniger elementar, aber die Argumente sind ziemlich naheliegend und unkompliziert.

7.1 Einige grundlegende Fakten

Die kontinuierliche Wavelet-Transformation wird durch den folgenden Ausdruck definiert:

$$W_\psi f(a, b) = \int_{-\infty}^{\infty} f(t)\psi\left(\frac{t - b}{a}\right) a^{-1/2} \, dt.$$

Hier können wir $\psi \in L^2, a > 0$, nehmen und ψ ist reellwertig und (der Einfachheit halber) absolut integrierbar. Die Variable a liefert eine kontinuierliche Menge von Skalen (Dilatationen) und b ist eine kontinuierliche Menge von Positionen (Translationen). Bei der diskreten Transformation waren diese beiden Mengen diskret.

Man beachte, daß sich dies als Faltung auffassen läßt. Mit der Bezeichnung $\psi_a(t) = a^{-1/2}\psi(-t/a)$ haben wir

$$Wf(a, b) := W_\psi f(a, b) = f * \psi_a(b)$$

---

[1] 'reproducing kernel' type theories.

oder, nach einer Fourier-Transformation (in) der Variablen b

$$\mathcal{F}_b W f(a, \beta) = \hat{f}(\beta) \widehat{\psi_a}(\beta).$$

Wird die letzte Relation mit einem Faktor multipliziert und über a integriert, dann könnten wir gerade einen konstanten Faktor mal $\hat{f}(\beta)$ erhalten. Wir können dann eine inverse Fourier-Transformation durchführen und f aus Wf reproduzieren.

Wir führen nun eine Multiplikation·mit dem komplexen Konjugierten von $\widehat{\psi_a}$ durch und integrieren unter Verwendung der Voraussetzung, daß ψ reellwertig ist:

(7.1)
$$\int_0^\infty \mathcal{F}_b W f(a, \beta) \overline{\widehat{\psi_a}(\beta)} \, da/a^2 =$$

$$= \hat{f}(\beta) \int_0^\infty |\widehat{\psi_a}(\beta)|^2 \, da/a^2$$

$$= \hat{f}(\beta) \int_0^\infty |\hat{\psi}(\omega)|^2 \, d\omega/\omega := C_\psi \hat{f}(\beta),$$

wobei wir nun voraussetzen, daß

$$C_\psi = \int_0^\infty |\hat{\psi}(\omega)|^2 \, d\omega/\omega$$

positiv und finit ist. Das wird als die *Zulässigkeitsbedingung* bezeichnet. Diese Bedingung impliziert $\hat{\psi}(0) = 0$, denn aus der absoluten Integrierbarkeit von ψ folgt, daß $\hat{\psi}$ eine stetige Funktion ist. Die Bedingung läßt sich so interpretieren, daß ψ eine *Auslöschungseigenschaft* haben muß: $\int \psi(t) \, dt = \hat{\psi}(0) = 0$.

Somit erhalten wir (unter Außerachtlassung von Konvergenzfrage) durch eine inverse Fourier-Transformation die Inversionsformel

$$f(t) = C_\psi^{-1} \int_{-\infty}^\infty \int_0^\infty W f(a, b) \, a^{-1/2} \psi\left(\frac{t-b}{a}\right) \, da/a^2 db.$$

Offensichtlich gibt es viele reellwertige Funktionen $\psi \in L^1 \cap L^2$ mit der Eigenschaft $0 < C_\psi < \infty$. Erst die Forderung, daß bereits die Sample-Werte von $W_\psi f(a, b)$, das heißt, die Werte $W_\psi f(2^j, k2^{-j})$, $j, k \in \mathbb{Z}$, hinreichen sollen, bewirkt, daß der Funktion ψ einschränkendere Bedingungen auferlegt werden müssen. Klarerweise reichen diese Sample-Werte aus, wenn $\{\psi(2^j t - k)\}_{j,k}$ eine Basis ist, denn in diesem Fall sind wir wieder in Kapitel 4.

Unter Verwendung der Parseval-Formel halten wir auch fest, daß

(7.2)
$$\int_{-\infty}^\infty \int_0^\infty |W f(a, b)|^2 \, da/a^2 \, db = C_\psi \int_{-\infty}^\infty |f(t)|^2 \, dt.$$

Beispiel 7.1. Man betrachte das Wavelet $\psi(t) = te^{-t^2}$. Man nehme $f(t) = H(t - t_0) - H(t - t_1)$, wobei $t_0 < t_1$ ist und $H(t)$ die Heaviside-Einheitssprung-Funktion bei $t = 0$ bezeichnet.

Weiter ist

$$
\begin{aligned}
Wf(a,b) &= \int_{t_0}^{t_1} a^{-1/2} \psi\left(\frac{t-b}{a}\right) dt = \int_{t_0}^{t_1} a^{-1/2} \frac{t-b}{a} e^{-\left(\frac{t-b}{a}\right)^2} dt \\
&= -\left[\frac{1}{2} a^{1/2} e^{-\left(\frac{t-b}{a}\right)^2}\right]_{t_0}^{t_1} = \\
&= \frac{1}{2} a^{1/2} \left(e^{-\left(\frac{t_0-b}{a}\right)^2} - e^{-\left(\frac{t_1-b}{a}\right)^2} \right)
\end{aligned}
$$

und deswegen klingt $Wf(a,b)$ in b abseits von $b = t_0$ und $b = t_1$ schnell ab. Darüber hinaus ist dieser Effekt ausgeprägter für kleine Werte von a, das heißt, für kleine Skalen in t. Der Leser ist angehalten, sich diesen Sachverhalt durch eine Zeichnung zu veranschaulichen.

Übungsaufgaben zu Abschnitt 7.1

Übungsaufgabe 7.1. Was geschieht, falls die Multiplikation mit dem komplexen Konjugierten von $\widehat{\Psi_a}$ (einer anderen Funktion) anstatt mit dem komplexen Konjugierten von $\widehat{\psi_a}$ in Gleichung (7.1) erfolgt?

Übungsaufgabe 7.2. Führen Sie diejenigen Modifikationen der Definition der kontinuierlichen Wavelet-Transformation und der Rekonstruktionsformel durch, die erforderlich sind, falls für ψ komplexe Werte zugelassen werden.

Übungsaufgabe 7.3. Beweisen Sie die Formel (7.2) vom Parsevalschen Typ.

Übungsaufgabe 7.4. Man setze $\psi(t) = t e^{-t^2}$, überprüfe $0 < C_\psi < \infty$ und setze $f(t) = e^{-\epsilon(t-t_0)^2}$. Berechnen Sie nun die Transformation $Wf(a,b)$ und untersuchen Sie, wie diese von $\epsilon > 0$ und t_0 abhängt.

Übungsaufgabe 7.5. Betrachten Sie nun die Funktion $\psi(t) = t/(1+t^2)$ und zeigen Sie, daß sie ein zulässiges Wavelet ist. Es sei nun $f(t) = H(t - t_0) - H(t - t_1)$ wie in Beispiel 7.1. Berechnen Sie $Wf(a,b)$ und vergleichen Sie den Wert mit dem Resultat des obigen Beispiels.

7.2 Globale Regularität

Wir beschreiben jetzt, wie sich gewisse Differenzierungseigenschaften in den Eigenschaften der kontinuierlichen Wavelet-Transformation widerspiegeln.

Die Formel

$$
\int_0^\infty \mathcal{F}_b Wf(a,\beta)\, a^{1/2} \widehat{\psi}(a\beta)\, da/a^2 = C_\psi \hat{f}(\beta)
$$

läßt sich (unter der Voraussetzung $0 < C_\psi < \infty$) auch dazu verwenden, gewisse Differenzierungseigenschaften von f mit Hilfe von Eigenschaften der Wavelet-Transformierten $Wf(a,b)$ der Funktion charakterisieren.

Zuerst betrachten wir die Räume H^s für $s \geq 0$.

Definition 7.1. *Der Raum H^s besteht aus „allen" Funktionen f, für die*

$$(1 + |\cdot|^2)^{s/2}\widehat{f} \in L^2$$

mit der folgenden Norm gilt:

$$\|f\|_{H^s} = \left(\int_{-\infty}^{\infty} |(1 + |\omega|^2)^{s/2}\widehat{f}(\omega)|^2 \, d\omega \right)^{1/2}$$

$\square$

Wegen $\mathcal{F}(D^k f)(\omega) = (i\omega)^k \mathcal{F}f(\omega)$ ist klar, daß H^s aus f mit $D^k f \in L^2$ für alle $k \leq s$ besteht, falls s eine gerade positive ganze Zahl ist.[2] Für unsere Zwecke reicht es aus, an Funktionen f zu denken, die unendlich oft differenzierbar sind und außerhalb eines beschränkten Intervalls verschwinden.

Multipliziert man $\widehat{f}(\beta)$ in Formel (7.1) mit $|\beta|^s$, dann ergibt sich

$$a^{-s}\mathcal{F}_b Wf(a,\beta) = f(\beta)a^{-s}\widehat{\psi_a}(\beta) =$$
$$= |\beta|^s f(\beta) |a\beta|^{-s}\widehat{\psi_a}(\beta).$$

Durch Quadrieren der absoluten Werte, Integrieren und Anwenden der Parseval-Formel erhalten wir

$$\int_{-\infty}^{\infty} \int_{0}^{\infty} |a^{-s}W_f(a,b)|^2 \, da/a^2 db =$$
$$= \int_{-\infty}^{\infty} |\mathcal{F}^{-1}(|\cdot|^s \mathcal{F}f)(t)|^2 \, dt \int_{0}^{\infty} |\omega|^{-2s}|\widehat{\psi}(\omega)|^2 \, d\omega/\omega,$$

falls

$$0 < \int_{0}^{\infty} |\omega|^{-2s}|\widehat{\psi}(\omega)|^2 \, d\omega/\omega < \infty.$$

Diese Forderung für $\widehat{\psi}$ bedeutet im Wesentlichen, daß $\widehat{\psi}(\omega) = o(|\omega|^s)$ für $\omega \to 0$ oder

$$\int_{-\infty}^{\infty} D^k \psi(t) \, dt = 0 \quad \text{für } 0 \leq k \leq s.$$

Demnach wird jetzt ein zusätzliche Auslöschung von ψ gefordert, und zwar in Abhängigkeit von der Anzahl der Ableitungen der zu analysierenden Funktion.

---

[2] Die Definition von H^s muß präziser formuliert werden, aber wir bemerken lediglich, daß unendlich oft differenzierbare Funktionen f, die außerhalb einer beschränkten Menge verschwinden, im Falle der üblichen Definition dicht in H^s liegen.

Mit Hilfe der Argumente von Übung 7.6 können wir nun die Existenz positiver Konstanten A und B schlußfolgern, so daß

$$A \, \|f\|_{H^s}^2 \; \leq \; \int_{-\infty}^{\infty} \int_0^{\infty} |a^{-s} W f(a,b)|^2 \, da/a^2 db \; \leq \; B \, \|f\|_{H^s}^2 \,.$$

Das bedeutet: Hat man s Ableitungen in L^2, dann entspricht das exakt der Tatsache, daß das Integral

$$\int_{-\infty}^{\infty} \int_0^{\infty} |a^{-s} W f(a,b)|^2 \, da/a^2 db$$

endlich ist. Das kann als Wachstumsbedingung für die Transformation $W f(a,b)$ in der Skalenvariablen a aufgefaßt werden. Die Transformation muß klein auf kleinen Skalen sein (kleines a), die exakt mit dem Faktor a^{-s} „abgestimmt" sind.

Übungsaufgaben zu Abschnitt 7.2

Übungsaufgabe 7.6. Zeigen Sie, daß es positive Konstanten C_1 und C_2 gibt, für welche

$$C_1 \, \|f\|_{H^s} \; \leq \; \|f\| + \|\mathcal{F}^{-1}\{|\cdot|^s \mathcal{F} f\}\| \leq \; C_2 \, \|f\|_{H^s} \,.$$

Verwenden Sie dabei die Ungleichungen

$$\max(1, |\omega|^s) \leq (1 + |\omega|^2)^{s/2} \leq 2^{s/2} \max(1, |\omega|^s).$$

7.3 Lokale Regularität

Im Gegensatz zu der globalen Aussage in Bezug auf die Fourier-Transformation und H^s machen wir jetzt eine lokale Regularitätsaussage. Wir setzen voraus, daß für ein festes t_0 die Beziehung

$$|f(t) - f(t_0)| \leq C|t - t_0|^s$$

gilt, wobei etwa $0 < s < 1$. Man bezeichnet das üblicherweise als *lokale Lipschitz-Bedingung* und s ist ein Maß für die Regularität. Das Adjektiv *lokal* bezieht sich auf die Bedingung des Gebundenseins an den Punkt t_0, und somit handelt es sich um keine globale oder allgemeine Eigenschaft.

Was impliziert diese lokale Regularitätsbedingung der Funktion f für die Wavelet-Transformation $W_\psi f(a,b)$?

Wir bemerken zuerst, daß die Auslöschungseigenschaft $\int \psi(t)\,dt = 0$ das Einfügen von $f(t_0)$ ermöglicht:

$$W f(a,b) = \int_{-\infty}^{\infty} (f(t) - f(t_0))\, a^{-1/2} \psi\!\left(\frac{t-b}{a}\right) dt.$$

Demnach hat man

$$|Wf(a, t_0)| \leq C \int_{-\infty}^{\infty} |t - t_0|^s a^{-1/2} \left| \psi\left(\frac{t - t_0}{a}\right) \right| dt =$$
$$= Ca^{\frac{1}{2}+s}$$

und

$$|Wf(a, b)| \leq \int_{-\infty}^{\infty} |f(t) - f(t_0)| a^{-1/2} \left| \psi\left(\frac{t - b}{a}\right) \right| dt +$$

$$+ \int_{-\infty}^{\infty} |f(t_0) - f(b)| a^{-1/2} \left| \psi\left(\frac{t - b}{a}\right) \right| dt$$

$$\leq Ca^{1/2}(a^s + |b - t_0|^s).$$

Die lokale Lipschitz-Regularitätsbedingung impliziert also eine Wachstums-bedingung für die Wavelet-Transformation.

Geht man umgekehrt von einer Wachstumsbedingung für die Wavelet-Transformation aus, dann gibt es das folgende lokale Regularitätsresultat. Man beachte, daß auch eine globale Bedingung für f gemacht wird und daß ein zusätzlicher logarithmischer Faktor in der Regularitätsabschätzung auftritt. Ist beispielsweise f beschränkt und hat man

$$|Wf(a, b)| \leq Ca^{1/2}(a^s + |b - t_0|^s),$$

dann folgt, daß

$$|f(t) - f(t_0)| \leq C|t - t_0|^s \log|t - t_0|^{-1}$$

für alle t gilt, die hinreichend nahe bei t_0 liegen. Wir lassen die Begründung weg, die zu diesem Ergebnis führt.

Übungsaufgaben zu Abschnitt 7.3

Übungsaufgabe 7.7. Bestimmen Sie den Exponenten in der Lipschitz-Bedingung für die Funktion $f(t) = t^s$ für $t > 0$ und $f(t) = 0$ sonst. Berechnen Sie auch die Transformation unter Verwendung der Haar-Wavelets $\psi(t) = t/|t|$ für $0 < |t| < 1/2$ und $\psi(t) = 0$ sonst.

7.4 Bemerkungen

Weiteres Material findet man z.B. in den Büchern von Holschneider [18], Kahane & Lemarié [21] und Meyer [23].

Der Zusammenhang zwischen den Differenzierbarkeitseigenschaften und den diskreten Wavelet-Darstellungen wird in Kapitel 12 beschrieben.

Teil II

Anwendungen

8

Wavelet-Basen: Beispiele

Bis jetzt haben wir nur wenige Beispiele für Wavelet-Basen angegeben. Tatsächlich gibt es aber eine große Anzahl verschiedener Wavelet-Basen und bei praktischen Anwendungen ist es nicht immer leicht, die richtige zu wählen. In diesem Kapitel beschreiben wir die am häufigsten verwendeten Wavelet-Basen. Wir versuchen auch, allgemeine Ratschläge zu geben, wie man die Wavelet-Basis bei gewissen Anwendungen wählt.

8.1 Regularität und verschwindende Momente

Die meisten der in diesem Kapitel diskutierten Wavelets haben einen kompakten Träger und die entsprechenden Filter sind FIR-Filter. Wir werden immer die alternierende Flip-Konstruktion verwenden:

$$G(\omega) = -e^{-i\omega}\overline{H(\omega + \pi)} \quad \text{und} \quad \widetilde{G}(\omega) = -e^{-i\omega}\overline{H(\omega + \pi)},$$

oder, ausgedrückt durch die Filterkoeffizienten,

$$g_k = (-1)^k \widetilde{h}_{1-k} \quad \text{und} \quad \widetilde{g}_k = (-1)^k h_{1-k}.$$

Die Tiefpaß-Filter werden wie folgt faktorisiert:

$$H(\omega) = \left(\frac{1 + e^{-i\omega}}{2}\right)^N Q(\omega) \quad \text{und} \quad \widetilde{H}(\omega) = \left(\frac{1 + e^{-i\omega}}{2}\right)^{\widetilde{N}} \widetilde{Q}(\omega).$$

Verschiedene Wavelets unterscheiden sich in der Wahl der trigonometrischen Polynome Q und $\widetilde{Q}$. Die Parameter N und $\widetilde{N}$ lassen sich innerhalb jeder Familie variieren und steuern die Anzahl der verschwindenden Momente. Die Wahl dieser Parameter ist wichtig. Wir hatten früher gesehen, daß die Anzahl N der verschwindenden Momente für das Analyse-Wavelet (duales Wavelet) die Abklingrate der Wavelet-Koeffizienten in dem Fall bestimmt, wenn das Signal glatt ist. Die verschwindenden Momente erzeugen also die Kompressionsfähigkeit und hängen auch mit der Glattheit des Synthese-Wavelets zusammen. Normalerweise möchten wir, daß die Synthese-Wavelets über eine gewisse Glattheit verfügen, die bei Kompressionsanwendungen besonders wichtig sind. Der Grund hierfür ist, daß die Kompression, grob gesprochen, dadurch erreicht wird, daß man in der Summe

$$f(t) = \sum_{j,k} w_{j,k} \psi_{j,k}(t)$$

diejenigen Glieder wegläßt, die „kleinen" Waveletkoeffizienten $w_{j,k}$ entsprechen.

Das menschliche Auge tendiert dazu, diese Reduzierung leichter zu entdecken, wenn die Synthese-Wavelets irregulär sind. Andererseits gilt: Je mehr Regularität und verschwindende Momente wir haben möchten, desto länger muß der von uns verwendete Filter sein. Das bewirkt, daß die Synthese-Wavelets zeitlich ausgebreiteter sind und das kann seinerseits zu den sogenannten „ringing" Artefakten bei Unstetigkeiten und Kanten führen.

Es gibt somit einen Ausgleich zwischen Regularität/verschwindenden Momenten und Filterlänge. Wir bemerken erneut, daß die Anzahl $\tilde{N}$ der verschwindenden Momente für die Synthese-Wavelets nicht so wichtig ist wie N. Der Grund hierfür besteht darin, daß wir die Skalarprodukte mit den dualen Wavelets bilden, das heißt, $w_{j,k} = \langle f, \tilde{\psi}_{j,k} \rangle$, und nicht mit den Synthese-Wavelets. Aus dem gleichen Grund ist die Glattheit der dualen Wavelets, die mit $\tilde{N}$ zusammenhängt, nicht so wichtig. Als Folge hiervon ordnen wir den Analyse-Wavelets üblicherweise mehr verschwindende Momente zu. Bei praktischen Anwendungen gibt es keine offensichtliche Wahl für N und $\tilde{N}$.

8.2 Orthogonale Basen

Die erste Entscheidung, die getroffen werden muß, besteht darin, ob man eine orthogonale Basis verwenden soll oder nicht. Orthogonalität gestattet die Interpretation der Wavelet-Koeffizienten als Energieverteilung. Die Energie eines Signals f läßt sich ausdrücken als

$$\int_{-\infty}^{\infty} |f(t)|^2 \, dt = \sum_{j,k} |w_{j,k}|^2 .$$

Das Quadrat $|w_{j,k}|^2$ des absoluten Betrages des Wavelet-Koeffizienten kann als Maß des Energieinhaltes von f im Zeitintervall von etwa $(2^{-j}k, 2^{-j}(k+1))$ und im Frequenzintervall $(2^j\pi, 2^{j+1}\pi)$ aufgefaßt werden. Die Summierung dieser Energien über die gesamte Zeit-Frequenz-Ebene ergibt die Gesamtenergie.

Im Best-Basis-Algorithmus in Kapitel 9 wird der Orthogonalität die Rolle zukommen, die Entropie-Kosten-Funktion additiv zu machen.

Eine weitere Anwendung, bei der die Orthogonalität auftritt, ist die Unterdrückung von Rauschen. Das ist der Fall, weil weißes Rauschen in den Sample-Werten dann in weißes Rauschen in den Wavelet-Koeffizienten transformiert wird. Als Folge hiervon wird das Rauschen statistisch gleich über alle Wavelet-Koeffizienten verteilt, während die Signalenergie (hoffentlich) in einigen großen Wavelet-Koeffizienten konzentriert wird. Das ermöglicht es, das Signal unter Beibehaltung großer Koeffizienten zu extrahieren und gleichzeitig das meiste Rauschen zu unterdrücken, indem man kleine Koeffizienten gleich Null setzt. Wir kommen in Kapitel 10 auf dieses „wavelet shrinkage denoising" zurück. Und schließlich garantiert die Orthogonalität die numerische Stabilität bei der Wavelet-Transformation, da in diesem Fall die Konditionszahl der Wavelet-Transformation gleich Eins ist. Relative Fehler nehmen also während der Forward-Wavelet-Transformation und der inversen Wavelet-Transformation nicht zu.

Orthogonale Basen entsprechen $N = \tilde{N}$ und $Q = \tilde{Q}$. Es steht noch aus, das trigonometrische Polynom Q in der Faktorisierung

$$H(\omega) = \left(\frac{1 + e^{-i\omega}}{2} \right)^N Q(\omega)$$

so zu konstruieren, daß

(8.1) $$|H(\omega)|^2 + |H(\omega + \pi)|^2 = 2.$$

Da $|Q(\omega)|^2$ reellwertig ist, handelt es sich um ein Polynom in $\cos \omega$ (Übungsaufgabe 8.1). Wir schreiben es als Polynom in $\sin^2 \omega/2 = (1 - \cos \omega)/2$:

$$|Q(\omega)|^2 = P\left(\sin^2 \frac{\omega}{2} \right).$$

Mit $y = \sin^2 \omega/2$ wird (8.1) dann zu

(8.2) $$(1 - y)^N P(y) + y^N P(1 - y) = 2 \quad \text{für} \quad 0 \leq y \leq 1.$$

Eine Lösung dieser Gleichung ist das Taylorsche Polynom $(N-1)$-ten Grades von $(1 - y)^{-N}$:

$$P_N(y) = \sum_{k=0}^{N-1} \binom{N-1+k}{k} y^k = (1 - y)^{-N} + O(y^N).$$

Der Produktfilter $H(z)H(z^{-1})$, den man aus P_N erhält, wird üblicherweise als Daubechies-2N-Produktfilter bezeichnet. Um festzustellen, daß $P_N(y)$ eine Lösung ist, betrachten wir die Beziehung

$$(1 - y)^N P_N(y) + y^N P_N(1 - y) = 2 + (1 - y)^N O(y^N) + y^N O((1 - y)^N).$$

Man betrachte den Term $(1 - y)^N O(y^N) + y^N O((1 - y)^N)$. Dieser ist ein Polynom von höchstens $(2N-1)$-tem Grad. Andererseits hat dieser Ausdruck sowohl bei $y = 0$ als auch bei $y = 1$ Nullstellen der Ordnung N. Deswegen muß der Term identisch 0 sein und somit ist P_N eine Lösung von (8.2). Man kann zeigen, daß jede andere Lösung die Form

$$(8.3) \qquad P(y) = P_N(y) + y^N R(1 - 2y)$$

haben muß, wobei R ein ungerades Polynom ist, so daß wir $P(y) \geq 0$ für $0 \leq y \leq 1$ erhalten.

Nach Wahl eines geeigneten R können wir das Polynom $S(z) = Q(z)Q(z^{-1})$ mühelos berechnen. Hieraus können wir Q durch *Spektralfaktorisierung* extrahieren.

Wir geben hier einen kurzen Überblick über den Spektralfaktorisierungsalgorithmus. Die Nullstellen des Polynoms $S(z)$ treten in Paaren z_i und z_i^{-1} auf. Eine dieser Nullstellen gehört zu $Q(z)$ und die andere zu $Q(z^{-1})$. Demzufolge tritt der Faktor $(z - z_i)$ in dem *einen* Polynom auf und $(z - z_i^{-1})$ in dem *anderen*. Die Spektralfaktorisierung ist nicht eindeutig, da es zwei Auswahlmöglichkeiten für jedes solche Paar gibt. Wir werden sehen, daß verschiedene Auswahlen zu ganz verschiedenen Wavelets führen können.

Orthogonale Daubechies-Wavelets

Bei der orthogonalen Daubechies-Wavelet-Familie wird der Tiefpaß-Filter konstruiert, indem man zuerst $R = 0$ in (8.3) wählt. Bei der Spektralfaktorisierung gehen die Nullstellen innerhalb der Einheitskreises immer in das Polynom $Q(z)$ ein. Das minimiert die Phasenänderung von $Q(z)$, wenn z auf dem Einheitskreis läuft und deswegen werden diese Filter *Minimalphasenfilter* genannt. Die Filterlänge ist $2N$ und das Mother-Wavelet sowie die Skalierungsfunktion sind gleich 0 außerhalb von $[0, 2N - 1]$. Die Glattheit erhöht sich mit N und die Anzahl der stetigen Ableitungen wächst asymptotisch wie $0,2075N$. Ein Nachteil der Daubechies-Wavelets besteht darin, daß sie sehr unsymmetrisch sind – mit Ausnahme des Haar-Wavelets, das $N = 1$ entspricht. Man erkennt das anhand der Abb. 8.1 - 8.2, in denen wir Daubechies-Wavelets für $N = 2, \ldots, 9$ graphisch dargestellt haben.

Symmlets

Eine Möglichkeit, orthogonale Wavelets mit weniger Asymmetrie zu erzeugen, besteht in der Durchführung der Spektralfaktorisierung, ohne die Minimalphaseneigenschaft zu fordern. Anstatt immer nur Nullstellen innerhalb des Einheitskreises zu wählen, können wir die Nullstellen so wählen, daß die Phase so linear wie möglich ist. Die entsprechende Familie der orthogonalen Wavelets werden üblicherweise als *kleinste asymmetrische Wavelets* oder *Symmlets* bezeichnet. Diese sind deutlich symmetrischer als Daubechies-Wavelets, wie aus Abb. 8.3 ersichtlich ist. Der Preis, den wir zu zahlen haben, besteht darin, daß das Symmlet mit N verschwindenden Momenten weniger regulär ist als das entsprechende Daubechies-Wavelet.

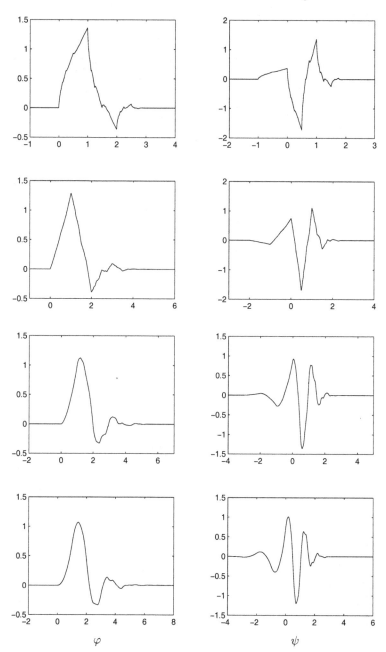

φ

ψ

Abb. 8.1. Orthogonale Daubechies-Wavelets und Skalierungsfunktionen für $N = 2, 3, 4, 5$

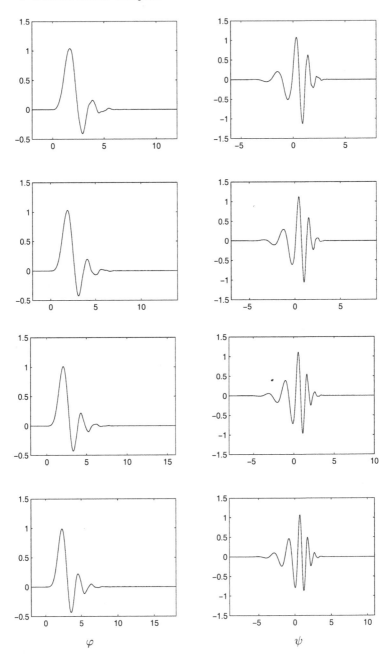

Abb. 8.2. Orthogonale Daubechies-Wavelets und Skalierungsfunktionen für $N = 6, 7, 8, 9$

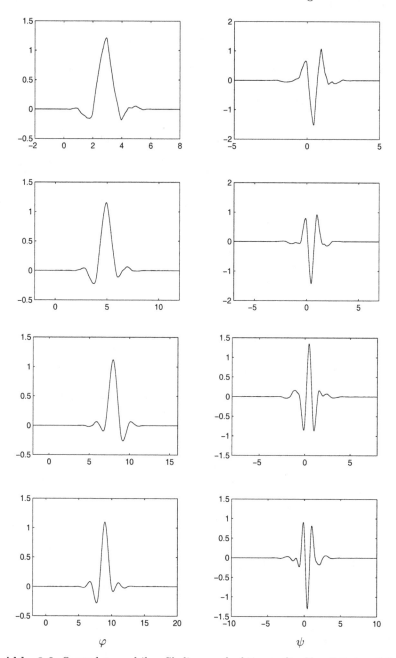

φ $\qquad\qquad\qquad\qquad$ ψ

Abb. 8.3. Symmlets und ihre Skalierungsfunktionen für $N = 2, 3, 4$ und 5

Coiflets

Eine weitere Familie von orthogonalen Wavelets wurde konstruiert, um auch den Skalierungsfunktionen verschwindende Momente zu verleihen:

$$\int_{-\infty}^{\infty} t^n \varphi(t)\, dt = 0, \quad n = 1, \ldots, N-1.$$

Das kann eine nützliche Eigenschaft sein, denn mit Hilfe der Taylorentwicklung ergibt sich $\langle f, \varphi_{J,k} \rangle = 2^{J/2} f(2^{-J}k) + O(2^{-Jp})$ in Bereichen, in denen f insgesamt p stetige Ableitungen hat. Für glatte Signale lassen sich die Feinskalen-Skalierungskoeffizienten demnach gut durch die Sample-Werte approximieren und man kann auf das Prä-Filtern verzichten. Diese Wavelets werden als *Coiflets* bezeichnet. Sie entsprechen einer speziellen Auswahl des Polynoms R in (8.3). Ihre Trägerbreite beträgt $3N - 1$ und die Filterlänge ist $3N$. In Abb. 8.4 haben wir die ersten vier Coiflets zusammen mit ihren Skalierungsfunktionen dargestellt. Wir sehen, daß die Coiflets sogar noch symmetrischer sind als die Symmlets. Man erreicht das natürlich zum Preis einer größeren Filterlänge.

Der Kaskaden-Algorithmus

Bevor wir zu biorthogonalen Wavelets übergehen, beschreiben wir, wie wir auf die Darstellungen der Abb. 8.1-8.4 gekommen sind. Die Ausführung erfolgte unter Verwendung des *Kaskaden-Algorithmus*. Dieser beruht auf der Tatsache, daß für eine stetige Funktion f die Beziehung $2^{j/2} \langle f, \varphi_{j,k} \rangle \to f(t_0)$ für $j \to \infty$ gilt, falls $t_0 = 2^{-j}k$ festgehalten wird. Diese Beziehung wird in Übung 8.4 skizziert.

Möchten wir also die Sample-Werte einer (stetigen) Skalierungsfunktion $\varphi_{j_0, l}$ berechnen, dann können wir ihre Skalierungskoeffizienten in irgendeiner Feinskala $J > j_0$ berechnen.

Algorithmus. (Kaskaden-Algorithmus)

1. Man starte mit den Skalierungskoeffizienten $\varphi_{j_0, l}$ in der Skala j_0, die folgendermaßen gegeben ist:

$$s_{j_0, k} = \langle \varphi_{j_0, l}, \varphi_{j_0, k} \rangle = \delta_{k, l},$$
$$w_{j_0, k} = \langle \varphi_{j_0, l}, \psi_{j_0, k} \rangle = 0.$$

2. Man berechne die Skalierungskoeffizienten $s_{j, k} = \langle \varphi_{j_0, l}, \varphi_{j, k} \rangle$ und die Wavelet-Koeffizienten $w_{j, k} = \langle \varphi_{j_0, l}, \psi_{j, k} \rangle$ mit der schnellen inversen Wavelet-Transformation (Fast Inverse Wavelet Transform).

3. Man stoppe in der feinsten Skala J und verwende $2^{J/2} s_{J, k}$ als Näherungswerte von $\varphi_{j_0, l}(2^{-J}k)$.

$\square$

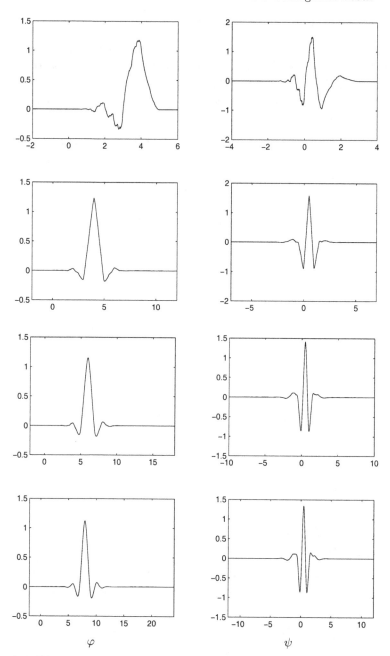

φ ψ

Abb. 8.4. Die ersten vier Coiflets mit Skalierungsfunktionen für $2, 4, 6$ und 8 verschwindende Momente

Übungsaufgaben zu Abschnitt 8.2

Übungsaufgabe 8.1. Zeigen Sie, daß $|Q(\omega)|^2$ für reelle Filter ein Polynom in $\cos\omega$ ist. Hinweis: Es handelt sich um ein trigonometrisches Polynom,

$$|Q(\omega)|^2 = \sum_{k=-K}^{K} c_k e^{ik\omega} = \sum_{k=-K}^{K} c_k \cos(k\omega) + i \sum_{k=-K}^{K} c_k \sin(k\omega).$$

Die Koeffizienten c_k sind reell (warum?) und deswegen hat man

$$0 = \operatorname{Im}|Q(\omega)|^2 = \sum_{k=-K}^{K} c_k \sin(k\omega).$$

Beweisen Sie, daß jedes $\cos(k\omega)$ ein Polynom in $\cos\omega$ ist.

Übungsaufgabe 8.2. Zeigen Sie, daß (8.1) durch die Substitutionen

$$|Q(\omega)|^2 = P\left(\sin^2\frac{\omega}{2}\right) \quad \text{und} \quad y = \sin^2\frac{\omega}{2}$$

in (8.2) transformiert wird.

Übungsaufgabe 8.3. Zeigen Sie, daß alle Lösungen von (8.2) von der Form (8.3) sein müssen. Hinweis: Man setze voraus, daß $P(y)$ eine Lösung ist. Beweisen Sie, daß dann

$$(1-y)^N[P(y) - P_N(y)] + y^N[P(1-y) - P_N(1-y)] = 0$$

gelten muß und daß das seinerseits die Beziehung

$$P(y) - P_N(y) = y^N \widetilde{P}(y)$$

für ein Polynom $\widetilde{P}$ impliziert. Zeigen Sie außerdem, daß $\widetilde{P}$ die Beziehung

$$\widetilde{P}(y) + \widetilde{P}(1-y) = 0$$

erfüllt. Schlußfolgern Sie, daß $\widetilde{P}(y)$ anti-symmetrisch in Bezug auf $y = 1/2$ ist und sich deswegen in der Form $\widetilde{P}(y) = R(1-2y)$ für ein ungerades Polynom R schreiben läßt.

Übungsaufgabe 8.4. Zeigen Sie: Wird $t_0 = 2^{-j}k$ konstant gehalten und ist f stetig, dann gilt $2^{j/2}\langle f, \varphi_{j,k}\rangle \to f(t_0)$ für $j \to \infty$. Hinweis: Man verifiziere, daß

$$2^{j/2}\langle f, \varphi_{j,k}\rangle = 2^{j/2}\int_{-\infty}^{\infty} f(t)\varphi_{j,k}(t)\,dt$$

$$= 2^{j/2}f(t_0)\int_{-\infty}^{\infty}\varphi_{j,k}(t)\,dt + 2^{j/2}\int_{-\infty}^{\infty}[f(t) - f(t_0)]\,\varphi_{j,k}(t)\,dt$$

$$= f(t_0) + \int_{-\infty}^{\infty}\left[f(t_0 + 2^{-j}k) - f(t_0)\right]\varphi(t)\,dt.$$

Da f stetig ist, hat man $f(t_0 + 2^{-j}k) - f(t_0) \to 0$ für $j \to \infty$ und für alle t. Deswegen geht auch das letzte Integral gegen 0. (Die letztgenannte Aussage wird durch den sogenannten *dominierten Konvergenzsatz* gerechtfertigt, aber wir meinen, daß die Leser diese Aussage auch so akzeptieren.)

8.3 Biorthogonale Basen

Wie oben erwähnt, ist es unmöglich, gleichzeitig Symmetrie und Orthogonalität zu haben. Verwendet man jedoch biorthogonale Wavelets, dann ist Symmetrie möglich. Bei der Bildverarbeitung und insbesondere bei der Bildkompression ist Symmetrie aus dem gleichen Grund wichtig wie Glattheit: läßt man ein Glied der Summe

$$\sum_{j,k} w_{j,k} \psi_{j,k}(t)$$

weg, dann erkennt das menschliche Auge leichter, ob die Synthese-Wavelets $\psi_{j,k}$ asymmetrisch sind. Symmetrie ist auch äquivalent zu der Aussage, daß Filter eine lineare Phase haben (vgl. Abschnitt 2.4).

Im Allgemeinen haben wir mehr Flexibilität im biorthogonalen Fall, denn anstelle *eines* Filters müssen wir zwei Filter konstruieren. Eine allgemeine Richtlinie könnte deswegen darin bestehen, immer biorthogonale Basen zu verwenden – es sei denn, Orthogonalität ist für die gerade vorliegende Anwendung wichtig.

Die Filterkonstruktion ist im biorthogonalen Fall auch einfacher. Es gibt verschiedene Möglichkeiten, Filter zu konstruieren. Eine Methode besteht darin, einen beliebigen Synthese-Tiefpaß-Filter $H(z)$ zu wählen. Für den Analysis-Tiefpaß-Filter haben wir dann

(8.4) $$H(z)\widetilde{H}(z^{-1}) + H(-z)\widetilde{H}(-z^{-1}) = 1$$

nach $\widetilde{H}(z)$ aufzulösen. Man kann die Existenz von Lösungen zeigen, falls z.B. $H(z)$ symmetrisch ist und $H(z)$ und $H(-z)$ keine gemeinsamen Nullstellen haben. Man kann diese Lösungen finden, indem man lineare Gleichungssysteme nach den Koeffizienten von $\widetilde{H}(z)$ auflöst.

Eine weitere Methode besteht darin, die Spektralfaktorisierung auf verschiedene Produktfilter anzuwenden. Möchten wir symmetrische Filter konstruieren, dann müssen sowohl Q als auch $\widetilde{Q}$ symmetrisch sein. Eine detaillierte Analyse zeigt, daß $N + \widetilde{N}$ gerade sein muß, und daß wir

$$Q(\omega) = q(\cos\omega) \quad \text{und} \quad \widetilde{Q}(\omega) = \widetilde{q}(\cos\omega)$$

für gewisse Polynome q und $\widetilde{q}$ schreiben können. Das ist der Fall, wenn Q und $\widetilde{Q}$ beide von ungerader Länge sind. Sie können auch beide von gerader Länge sein und dann müssen sie einen Faktor $e^{-i\omega/2}$ enthalten. In jedem Fall gilt: Definieren wir $L = (N + \widetilde{N})/2$ und das Polynom P durch

$$P\left(\sin^2 \frac{\omega}{2}\right) = q(\cos \omega)\widetilde{q}(\cos \omega),$$

dann wird Gleichung (8.4) in folgende Gleichung transformiert:

$$(1 - y)^L P(y) + y^L P(1 - y) = 2.$$

Die Lösungen dieser Gleichung sind aus dem vorhergehenden Abschnitt bekannt. Nach Wahl einer Lösung, das heißt, nach Wahl von R in (8.3), werden Q und $\widetilde{Q}$ mit Hilfe der Spektralfaktorisierung berechnet.

Eine dritte Konstruktionsmethode für biorthogonale Filter ist die Verwendung des Lifting, wie es in Kapitel 6 beschrieben wurde.

Biorthogonale Spline-Wavelets

Das ist eine Familie von biorthogonalen Wavelet-Basen, wobei die Skalierungsfunktion eine B-Spline-Funktion der Ordnung N ist, das heißt, eine N-malige Faltung der Haarschen Skalierungsfunktion mit sich selbst. Der entsprechende Analyse-Tiefpaß-Filter ist

$$H(\omega) = \left(\frac{1 + e^{-i\omega}}{2}\right)^N.$$

Der Synthese-Tiefpaß-Filter ist

$$\widetilde{H}(\omega) = \left(\frac{1 + e^{-i\omega}}{2}\right)^{\widetilde{N}} \sum_{k=0}^{L-1} \binom{L-1+k}{k} \left(\sin^2 \frac{\omega}{2}\right)^k.$$

Die Tiefpaß-Filter beruhen auf einer speziellen Faktorisierung des Daubechies-Produktfilters ($R = 0$), nämlich $Q(z) \equiv 1$ und $\widetilde{Q}(z) = P_L(z)$.

Diese Spline-Wavelets haben zusätzlich zur Symmetrie viele attraktive Eigenschaften. Die Filterkoeffizienten sind *dyadisch rational*, das heißt, sie haben die Form $2^j k$ mit $j, k \in \mathbb{Z}$. Das bedeutet, daß sie sich durch einen Computer exakt darstellen lassen. Darüber hinaus wird die Multiplikation mit diesen Koeffizienten eine sehr schnelle Operation, was sich bei Computer-Implementierungen als vorteilhaft erweist. Eine weitere angenehme Eigenschaft besteht darin, daß wir analytische Ausdrücke für φ und ψ haben – das ist etwas, das im Allgemeinen nicht zur Verfügung steht.

Ein wesentlicher Nachteil ist jedoch der große Unterschied zwischen den Filterlängen der Tiefpaß-Filter. Zu diesem Unterschied kommt es, weil wir das ganze Polynom P_L in den Analyse-Tiefpaß-Filter $\widetilde{H}(\omega)$ stecken. Dieser Faktor zerstört auch die Regularität der dualen Funktionen. Die vom Synthese-Filter abgeleitete primale Skalierungsfunktion hat $N-2$ stetige Ableitungen und das ist auch beim Wavelet der Fall. Wie aus Abb. (8.5)-(8.7) ersichtlich, weisen die duale Skalierungsfunktion und das duale Wavelet für $\widetilde{N} = N$ viel weniger Regularität auf, was auf den Faktor $P_L(\sin^2 \omega/2)$ zurückzuführen ist, der in $\widetilde{H}(\omega)$ auftritt.

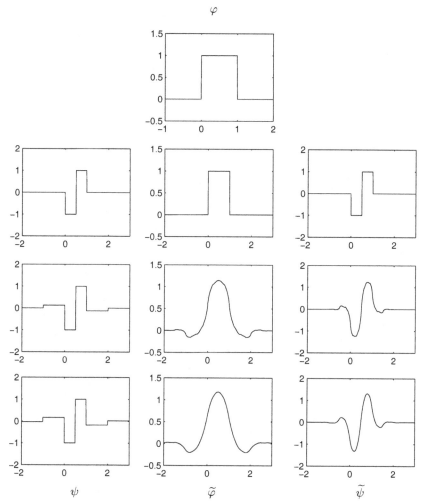

Abb. 8.5. Biorthogonale Spline-Wavelets mit $N = 1$ und $\widetilde{N} = 1, 2$ und 3

Weitere biorthogonale Wavelets

Wir beschreiben hier weitere biorthogonale Wavelets, die auf dem Daubechies-Produktfilter beruhen.

Um für die Filter ähnlichgeartete Längen zu erreichen, wenden wir erneut die Spektralfaktorisierungsmethode an, um $P_L(z)$ in $Q(z)$ und $\widetilde{Q}(z)$ zu faktorisieren. Zur Aufrechterhaltung der Symmetrie fassen wir stets die Nullstellen z_i und z_i^{-1} zusammen. Auch z_i und $\overline{z_i}$ müssen immer zusammen auftreten, damit wir reellwertige Filterkoeffizienten haben. Das beschränkt die Anzahl der möglichen Faktorisierungen, aber für feste N und $\widetilde{N}$ gibt es immer noch

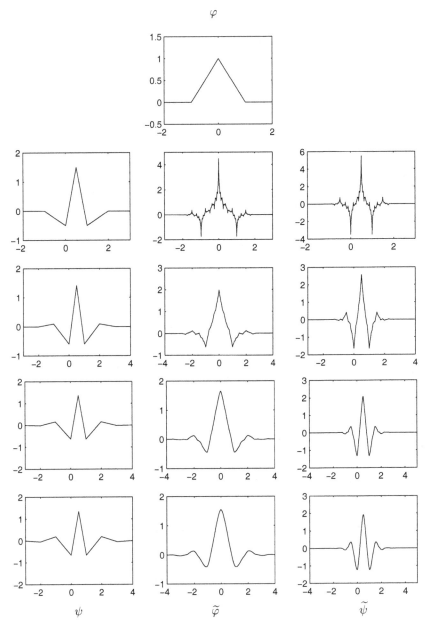

Abb. 8.6. Biorthogonale Spline-Wavelets mit $N = 2$ und $\widetilde{N} = 2, 4, 6$ und 8

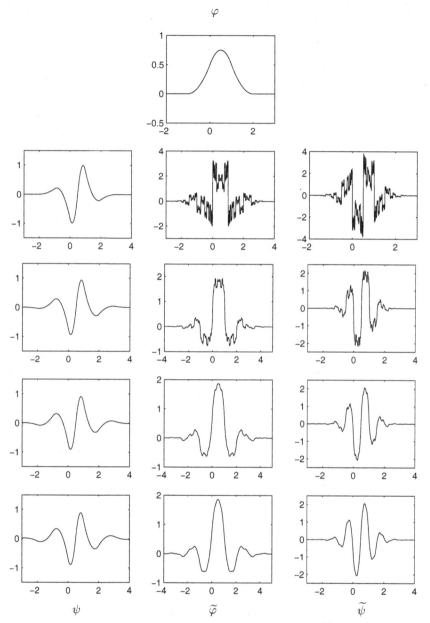

Abb. 8.7. Biorthogonale Spline-Wavelets mit $N = 3$ und $\widetilde{N} = 3, 5, 7$ und 9

verschiedene Möglichkeiten. Ein Nachteil dieser Wavelets besteht darin, daß die Filterkoeffizienten nicht mehr dyadisch rational oder nicht einmal rational sind.

Wir haben die Skalierungsfunktionen und die Wavelets für einige der häufigsten Filter in Abb. 8.8-8.9 dargestellt.

Das erste Filterpaar sind die biorthogonalen Filter, die beim FBI-Fingerabdruck-Standard verwendet werden. Man konstruiert diese mit Hilfe einer speziellen Faktorisierung des Daubechies-8-Produktfilters. Sowohl das primale als auch das duale Wavelet hat 4 verschwindende Momente. Die Filter haben die Längen 7 und 9, und das ist der Grund für die Schreibweise 9/7 (die erste Zahl ist die Länge des dualen Tiefpaß-Filters).

Das zweite Paar 6/10 ergibt sich, indem man ein verschwindendes Moment (eine Nullstelle bei $z = -1$) vom primalen zum dualen Wavelet bewegt und auch einige weitere Nullstellen miteinander vertauscht. Die primale Skalierungsfunktion und das primale Wavelet werden etwas glatter. Dieses Filterpaar erweist sich auch für die Bildkompression als sehr gut.

Die beiden letzten Paare 9/11 basieren auf zwei verschiedenen Faktorisierungen des Daubechies-10-Produktfilters.

Fast orthogonale Systeme

Eine weitere Konstruktion ist auf die Beobachtung zurückzuführen, daß Coiflets ziemlich „nahe dran" sind, symmetrisch zu sein. Dieser Umstand legt die Möglichkeit nahe, symmetrische biorthogonale Wavelets zu konstruieren, die den Coiflets nahestehen und somit auch fast die Eigenschaft haben, orthogonal zu sein. Eine Möglichkeit besteht grob gesprochen darin, $H(\omega)$ als rationale Approximation des Coiflet-Tiefpaß-Filters zu wählen. Man findet dann den dualen Filter $\tilde{H}$ durch Lösen von linearen Gleichungen. Das liefert uns eine Familie von biorthogonalen, symmetrischen und fast orthogonalen Wavelets mit rationalen Koeffizienten.

8.4 Wavelets ohne kompakten Träger

Wir schließen dieses Kapitel mit einer kurzen Auflistung einiger weiterer Wavelet-Basen, bei denen nicht alle Wavelets und Skalierungsfunktionen einen kompakten Träger haben. Sie sind vielleicht für Anwendungen nicht so interessant, aber wir geben sie aus historischen Gründen und wegen ihrer interessanten theoretischen Eigenschaften.

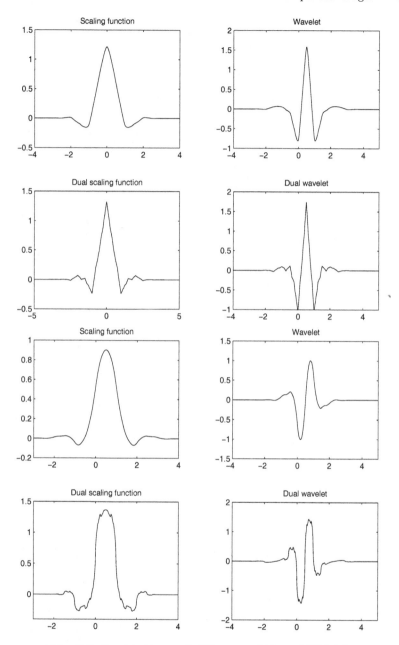

Abb. 8.8. Das biorthogonale Filterpaar 6/10 und FBI 9/7

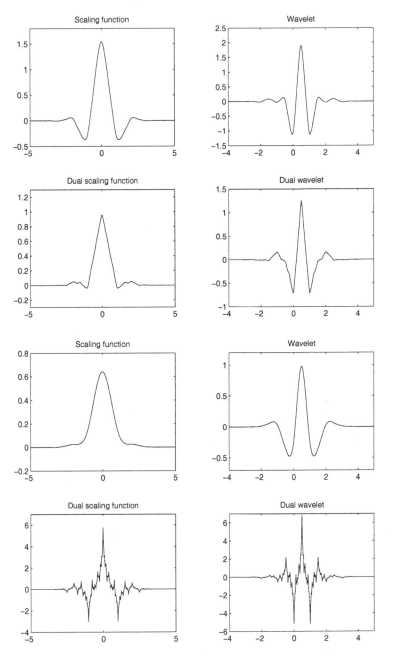

Abb. 8.9. Skalierungsfunktionen und Wavelets für das biorthogonale Filterpaar 9/11

Meyer-Wavelets

Die Meyer-Wavelets werden explizit wie folgt beschrieben: die Fourier-Transformierte des Wavelets wird definiert als

$$\widehat{\psi}(\omega) = \begin{cases} \frac{1}{2\pi} e^{-i\omega/2} \sin\left(\frac{\pi}{2}\nu(3\,|\omega| - 1)\right) & \text{falls } \frac{2\pi}{3} < |\omega| \le \frac{4\pi}{3}, \\ \frac{1}{2\pi} e^{-i\omega/2} \cos\left(\frac{\pi}{2}\nu(\frac{3}{2}\,|\omega| - 1)\right) & \text{falls } \frac{4\pi}{3} < |\omega| \le \frac{8\pi}{3}, \\ 0 & \text{andernfalls.} \end{cases}$$

Hier ist ν eine glatte Funktion, derart daß

$$\nu(x) = \begin{cases} 0 & \text{falls } x \le 0, \\ 1 & \text{falls } x \ge 1 \end{cases}$$

und $\nu(x) + \nu(1-x) = 1$. Diese Bedingungen für ν reichen aus, um zu gewährleisten, daß $\{\psi_{j,k}\}$ eine orthogonale Basis ist. Mit Hilfe der Multi-Skalen-Analyse ist ein Beweis dieser Aussage möglich, indem man die Skalierungsfunktion identifiziert:

$$\widehat{\varphi}(\omega) = \begin{cases} \frac{1}{2\pi} & \text{falls } |\omega| \le \frac{2\pi}{3}, \\ \frac{1}{2\pi} \cos\left(\frac{\pi}{2}\nu(3\,|\omega| - 1)\right) & \text{falls } \frac{2\pi}{3} < |\omega| \le \frac{4\pi}{3}, \\ 0 & \text{andernfalls.} \end{cases}$$

Die Meyer-Wavelets haben viele interessante Eigenschaften. Da $\widehat{\psi}$ gleich 0 in einem Intervall um den Koordinatenursprung ist, haben wir $\widehat{\psi}^{(n)}(0) = 0$ für alle $n \in \mathbb{Z}$. Deswegen haben die Meyer-Wavelets unendlich viele verschwindende Momente. Sowohl die Wavelets als auch die Skalierungsfunktionen sind symmetrisch. Die Wavelets und die Skalierungsfunktionen sind unendlich oft differenzierbar (C^∞), da sie einen kompakten Träger im Frequenzbereich haben. Dennoch können sie keinen kompakten Träger haben, aber sie klingen schnell ab. Die Abklingrate wird durch die Glattheit von ν bestimmt.

Battle-Lemarié-Wavelets

Die Konstruktion der orthogonalen Battle-Lemarié-Familie beginnt mit den B-Spline-Skalierungsfunktionen. Diese sind nicht orthogonal zu ihren ganzzahligen Translaten, denn sie sind positiv und überlappen. Man rufe sich die Orthogonalitätsbedingung für die Skalierungsfunktion aus Abschnitt 4.4 in Erinnerung:

$$(8.5) \qquad \sum_l |\widehat{\varphi}(\omega + 2\pi l)|^2 = 1.$$

Stattdessen erfüllen die B-Spline-Skalierungsfunktionen die Ungleichungen

$$A \le \sum_l |\widehat{\varphi}(\omega + 2\pi l)|^2 \le B$$

für alle ω, wobei A und B gewisse positive Konstanten sind. Hierbei handelt es sich um die Bedingung, daß $\{\varphi(t-k)\}$ eine in den Fourier-Bereich transformierte Riesz-Basis ist. Jetzt ist es möglich, die Battle-Lemarié-Skalierungsfunktion zu definieren:

$$\widehat{\varphi}^{\#}(\omega) = \frac{\widehat{\varphi}(\omega)}{\sqrt{\sum_l |\widehat{\varphi}(\omega + 2\pi l)|^2}}.$$

Diese Skalierungsfunktion erfüllt (8.5) und erzeugt deswegen eine orthogonale Multi-Skalen-Analyse. Das Wavelet wird durch die alternierende Flip-Konstruktion definiert.

Man kann zeigen, daß diese „orthogonalisierte" Spline-Skalierungsfunktion die gleichen Räume V_j aufspannt wie die ursprüngliche Spline-Skalierungsfunktion. Jedoch hat sie keinen kompakten Träger mehr und dasselbe gilt auch für das Wavelet. Sie klingen aber beide exponentiell ab und sind symmetrisch. In Abb. 8.10 haben wir die Battle-Lemarié-Skalierungsfunktion und das Wavelet entsprechend den stückweise linearen Splines dargestellt. Man beachte, daß beide stückweise linear sind und daß das Abklingen tatsächlich sehr schnell erfolgt.

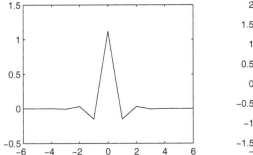 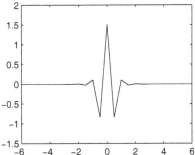

Abb. 8.10. Die stückweise lineare Battle-Lemarié-Skalierungsfunktion und das Battle-Lemarié-Wavelet

Semiorthogonale Chui-Spline-Wavelets

Die semiorthogonalen Basen sind ein Spezialfall der biorthogonalen Basen, wobei wir $V_j = \widetilde{V_j}$ and $W_j = \widetilde{W_j}$ fordern. Wir haben immer noch zwei Skalierungsfunktionen φ, $\widetilde{\varphi}$ und zwei Wavelets ψ, $\widetilde{\psi}$, aber diese müssen nun die gleichen Räume V_j und W_j erzeugen. Zur Orthogonalität benötigen wir die zusätzliche Bedingung $\varphi = \widetilde{\varphi}$ and $\psi = \widetilde{\psi}$. Die übliche Biorthogonalitätsbedingung impliziert unmittelbar, daß $V_j \perp W_j$ für jedes j gilt. In jeder Skala müssen dann alle Skalierungsfunktionen orthogonal zu allen Wavelets sein.

Außerdem liegen die Wavelets $\psi_{0,k}$ in allen Approximationsräumen V_j mit $j > 0$. Sie müssen also orthogonal zu allen Wavelets mit $j > 0$ sein. Wir können demnach schließen, daß Wavelets in verschiedenen Skalen immer orthogonal sind. In einer festen Skala j sind die Wavelets $\psi_{j,k}$ nicht orthogonal zueinander, sondern zu den dualen Wavelets $\widetilde{\psi}_{j,k}$:

$$\langle \psi_{j,k}, \widetilde{\psi}_{j,l} \rangle = \delta_{k,l}.$$

Die semiorthogonalen Spline-Wavelets von Chui & Wang verwenden B-Splines der Ordnung N als Skalierungsfunktionen. Die Wavelets werden Spline-Funktionen mit der Trägerbreite $[0, 2N - 1]$. Die dualen Skalierungsfunktionen und Wavelets sind ebenfalls Splines, aber ohne kompakten Träger. Sie klingen dennoch sehr schnell ab. Alle Skalierungsfunktionen und Wavelets sind symmetrisch und alle Filterkoeffizienten sind rational. Es gibt auch analytische Ausdrücke für alle Skalierungsfunktionen und Wavelets.

8.5 Bemerkungen

Eine der zuerst auftretenden Familien von Wavelets waren die Meyer-Wavelets, die von Yves Meyer 1985 konstruiert wurden. Das war vor dem Zeitpunkt, an dem der Zusammenhang zwischen Wavelets und Filterbänken entdeckt wurde und somit stand der Begriff der Multi-Skalen-Analyse noch nicht zur Verfügung. Stattdessen definierte Meyer seine Wavelets durch explizite Konstruktionen im Fourier-Bereich.

Ingrid Daubechies konstruierte 1988 die nach ihr benannte Familie von orthogonalen Wavelets. Das war die erste Konstruktion im Rahmen der MSA und der Filterbänke. Kurz danach erfolgte die Konstruktion der Symmlets, Coiflets (die 1989 von Ronald Coifman entdeckt wurden, daher der Name), und später auch die Konstruktion verschiedener biorthogonaler Basen.

Weitere Einzelheiten zur Konstruktion verschiedener Wavelet-Basen findet man in Daubechies' Buch [11], das auch Tabellen mit Filterkoeffizienten enthält. Filterkoeffizienten findet man auch in WAVELAB.

9

Adaptive Basen

In diesem Kapitel beschreiben wir zwei Konstruktionen, die eine Anpassung der Analyse an das gerade vorliegende Signal gestatten. Bei diesen Konstruktionen handelt es sich um Wavelet-Pakete und um lokale trigonometrische Basen. In gewissem Sinne sind die beiden Konstruktionen dual zueinander: Wavelet-Pakete sorgen für Flexibilität bei der Frequenzbandzerlegung, während lokale trigonometrische Basen, die eng mit der gefensterten Fourier-Analyse zusammenhängen, eine Anpassung der Zeitintervallzerlegung gestatten.

Wavelet-Pakete und lokale trigonometrische Basen sind Spezialfälle des allgemeineren Konzepts der Zeit-Frequenz-Zerlegungen, die wir zuerst kurz diskutieren.

9.1 Zeit-Frequenz-Zerlegungen

Eine Zeit-Frequenz-Zerlegung eines Signals f ist eine Darstellung

$$f(t) = \sum_k c_k\, b_k(t),$$

wobei jede Basisfunktion b_k sowohl im Zeitbereich als auch im Frequenzbereich gut lokalisiert ist. Mit dem Letztgenannten meinen wir, daß sowohl $f(t)$ als auch $\widehat{f}(\omega)$ für $|t|, |\omega| \to \infty$ schnell abklingen. Derartige Basisfunktionen werden mitunter als *Zeit-Frequenz-Atome* bezeichnet. Die Wavelet-Zerlegung

$$f(t) = \sum_{j,k} \langle f, \widetilde{\psi}_{j,k} \rangle\, \psi_{j,k}(t)$$

ist ein Beispiel für eine Zeit-Frequenz-Zerlegung. Wir nehmen an, daß das Mother-Wavelet ψ seine Energie hauptsächlich im Zeitintervall $(0, 1)$ und im Frequenzband $(\pi, 2\pi)$ hat. Hiermit meinen wir, daß

$$\int_0^1 |\psi(t)|^2\, dt \quad \text{und} \quad \int_\pi^{2\pi} |\widehat{\psi}(\omega)|^2\, d\omega$$

beide fast die Gesamtenergie des Signals haben. (Vgl. Ungleichung 1.1 in Kapitel 1, die der gleichzeitigen Lokalisierung im Zeitbereich und im Frequenzbereich Grenzen setzt.) Durch Skalieren konzentrieren dann die Basisfunktionen $\psi_{j,k}(t)$ ihre Energie im Wesentlichen auf das Zeitintervall $(2^{-j}k, 2^{-j}(k+1))$ und auf das Frequenzintervall $(2^j\pi, 2^{j+1}\pi)$. Wir ordnen $\psi_{j,k}$ dem Rechteck $(2^{-j}k, 2^{-j}(k+1)) \times (2^j\pi, 2^{j+1}\pi)$ in der *Zeit-Frequenz-Ebene* zu (vgl. Abb. 9.1). Diese Rechtecke werden manchmal auch als *Heisenberg-Boxen* bezeichnet.

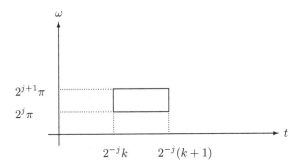

Abb. 9.1. Die Heisenberg-Box für $\psi_{j,k}$

Die Heisenberg-Boxen für die Wavelets $\psi_{j,k}$ liefern eine Parkettierung der Zeit-Frequenz-Ebene, so wie in Abb. (9.2) dargestellt. Das am niedrigsten gelegene Rechteck entspricht der Skalierungsfunktion $\varphi_{j_0,0}$ in der gröbsten Skala. Haben wir eine orthonormale Wavelet-Basis, dann läßt sich die Energie

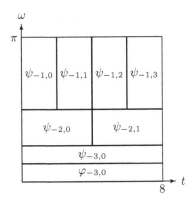

Abb. 9.2. Parkettierung der Zeit-Frequenz-Ebene für eine Wavelet-Basis

eines Signals folgendermaßen durch die Wavelet-Koeffizienten $w_{j,k} = \langle f, \psi_{j,k} \rangle$ ausdrücken:

$$\|f\|^2 = \sum_{j,k} |w_{j,k}|^2 \,.$$

Demnach läßt sich das Quadrat des absoluten Betrages der Wavelet-Koeffizienten $|w_{j,k}|^2$ als Energieverteilung in der Zeit-Frequenz-Ebene interpretieren. Jede Heisenberg-Box enthält enthält einen gewissen Betrag $|w_{j,k}|^2$ der Gesamtenergie des Signals.

Zwei Extremfälle der Zeit-Frequenz-Zerlegungen sind in Abb. 9.3 dargestellt. Die erste hat eine perfekte Zeitauflösung, aber keine Frequenzauflösung. Die entsprechende Basis ist den Sample-Werten zugeordnet und somit könnten die Basisfunktionen beispielsweise die sinc-Funktionen sein. Allgemeiner gesprochen könnten es Skalierungsfunktionen in der feinsten Skala sein. Die andere Zeit-Frequenz-Zerlegung ist die diskrete Fourier-Transformation, die keine Zeitauflösung, aber eine perfekte Frequenzauflösung hat.

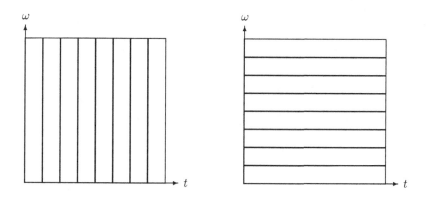

Abb. 9.3. Zeit-Frequenz-Ebene für die Basis, die dem Sampling und der Fourier-Basis zugeordnet ist

Eine weitere Zeit-Frequenz-Zerlegung ist die gefensterte Fourier-Transformation, wobei das Signal in Segmente $(kT, (k + 1)T)$ der Länge T zerlegt wird, und auf jedes Segment eine diskrete Fourier-Transformation angewendet wird. Die Zerlegung in Segmente läßt sich so auffassen, daß man das Signal mit *Fensterfunktionen* multipliziert, die auf $(kT, (k + 1)T)$ gleich 1 und andernfalls gleich 0 sind. Diese Fenster werden als *ideale* Fenster bezeichnet. Um den Übergang zwischen den Segmenten glatter zu machen, kann man glattere Versionen des idealen Fensters verwenden. Man multipliziert dann das Signal mit $w(t - kT)$, wobei w eine glatte Approximation des idealen Fensters für $(0, T)$ ist. Die Parkettierung der Zeit-Frequenz-Ebene für die gefensterte Fourier-Transformation ist in Abb. (9.4) für zwei verschiedene *Fenstergrößen* T dargestellt.

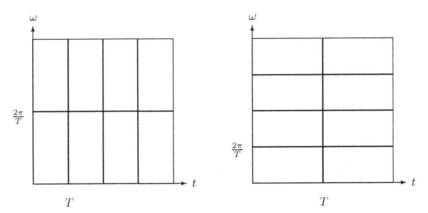

Abb. 9.4. Parkettierung der Zeit-Frequenz-Ebene für die gefensterte Fourier-Transformation mit zwei Fenstergrößen

Die Wahl der richtigen Fenstergröße ist das Hauptproblem bei der gefensterten Fourier-Transformation. Ist T die Fenstergröße, dann wird jedes Segment bei Frequenzen analysiert, die ganzzahlige Vielfache von $2\pi/T$ sind. Wählt man eine enges Fenster, dann erhält man eine gute Zeitauflösung, aber eine schlechte Frequenzauflösung und umgekehrt.

Eine Lösung dieses Problems wäre die Anpassung der Fenstergröße an die Frequenz sowie die Verwendung enger Fenster bei hohen Frequenzen und breiterer Fenster bei niedrigen Frequenzen. Das erfolgt im Grunde genommen durch die Wavelet-Transformation, obwohl dabei kein explizites Fenster auftritt. Bei hohen Frequenzen sind die Wavelets im Zeitbereich gut lokalisiert und die Heisenberg-Boxen sind eng und hoch. Bei niedrigeren Frequenzen sind die Wavelets mehr ausgebreitet und man erhält Boxen großer Breite und kleiner Höhe. Das ist nützlich, denn viele Hochfrequenzphänomene sind kurzlebig, zum Beispiel Kanten und Transienten; dagegen haben Niederfrequenzkomponenten üblicherweise eine längere Lebensdauer.

Übungsaufgaben zu Abschnitt 9.1

Übungsaufgabe 9.1. Skizzieren Sie, wie sich die Zerlegung der Zeit-Frequenz-Ebene ändert, wenn man die Filterungsschritte, beginnend mit den feinsten Skalierungskoeffizienten, in der Forward-Wavelet-Transformation durchläuft.

9.2 Wavelet-Pakete

Wie oben erwähnt, eignet sich die Wavelet-Transformation für Signale mit kurzlebigen Hochfrequenz-Komponenten und langlebigen Niederfrequenz-Komponenten. Jedoch haben einige Signale Hochfrequenz-Komponenten mit langer Lebensdauer.[1] Das ist der Fall bei Bildern mit *Texturen*, das heißt, Teile des Bildes haben eine spezielle Struktur. Ein Beispiel für Texturen ist aus dem Fingerabdruckbild von Abb. 1.12 in Kapitel 1 ersichtlich. Derartige Teile des Bildes haben häufig einen wohldefinierten Frequenzinhalt bei hohen Frequenzen. Deswegen braucht man viele Feinskalen-Wavelets, um diesen Bereich des Bildes zu approximieren. In diesem Fall könnte es vorteilhaft sein, ausgedehntere Feinskalen-Wavelets zu haben.

Die Wavelet-Paket-Transformationen

Die Wavelet-Transformation zerlegt Signale in Frequenzbänder (vgl. Abb. 4.8). Wir möchten dazu in der Lage sein, das Signal in allgemeinere Frequenzbänder aufzuteilen. Eine Möglichkeit, diese Flexibilität zu erzielen, besteht in Folgendem: Man gestattet auch, daß die Wavelet-Koeffizienten durch eine Analyse-Filterbank aufgeteilt werden. Wir beginnen mit den Skalierungskoeffizienten s_J und berechnen die Skalierungskoeffizienten s_{J-1} in einer gröberen Skala sowie die Wavelet-Koeffizienten w_{J-1} unter Verwendung einer Analyse-Filterbank. Beide lassen sich durch die Analyse-Filter weiter aufteilen. Auf der nächsten Ebene können bis zu vier Folgen von Koeffizienten auftreten und alle können weiter aufgeteilt werden. Das liefert uns eine Baumstruktur von Koeffizienten auf verschiedenen Ebenen, so wie in Abb. 9.5 dargestellt. Dieser Baum heißt der *Wavelet-Paket-Baum*. An jedem Knoten im Wavelet-Paket-Baum haben wir eine Menge von Koeffizienten, bei denen wir uns entscheiden können, ob wir sie weiter aufteilen oder nicht. Jede Folge derartiger Auswahlen liefert eine spezielle *Wavelet-Paket-Transformation*. Jede derartige Transformation entspricht einem Teilbaum des Wavelet-Paket-Baums, wobei alle Knoten entweder zwei Nachfolger haben oder gar keinen.

Die Wavelet-Paket-Basisfunktionen

Jede Wavelet-Paket-Transformation liefert uns die Koeffizienten in einer speziellen *Wavelet-Paket-Basis*. Die Skalierungskoeffizienten $(s_{J-1,k})$ und die Wavelet-Koeffizienten $(w_{J-1,k})$ sind Koeffizienten in den Basen $\{\varphi_{J-1,k}\}$ und $\{\psi_{J-1,k}\}$ von V_{J-1} und W_{J-1}.

Teilen wir den Raum V_{J-1} weiter auf, dann erhalten wir Koeffizienten $(s_{J-2,k})$ und $(w_{J-2,k})$ für die Basis-Funktionen $\varphi_{J-2,k}$ und $\psi_{J-2,k}$, die zusammen den Raum V_{J-1} aufspannen. Teilen wir W_{J-1} durch die Analyse-Filter auf, dann erhalten wir Koeffizienten für gewisse Wavelet-Paket-Basisfunktionen. Bevor wir diese Basisfunktionen definieren, führen wir eine praktische Schreibweise ein:

$$m_0(\omega) = H(\omega) \quad \text{und} \quad m_1(\omega) = G(\omega).$$

---

[1] In Raumkoordinaten sind die Terme große Komponenten mit hoher Wellenzahl und lange Ausdehnungen. Wir folgen jedoch der üblichen Praxis und verwenden den Begriff Frequenz anstelle von Wellenzahl.

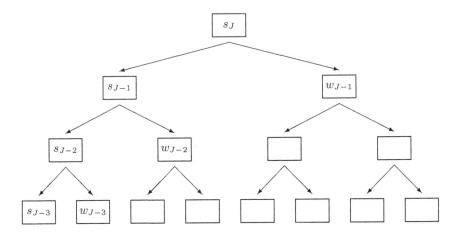

Abb. 9.5. Der Wavelet-Paket-Baum

Wir definieren nun die Wavelet-Pakete auf der Ebene $J - 2$ als

$$\psi^{(1,0)}_{J-2,k}(t) = \psi^{(1,0)}_{J-2}(t - 2^{J-2}k) \quad \text{und} \quad \psi^{(1,1)}_{J-2,k}(t) = \psi^{(1,1)}_{J-2}(t - 2^{J-2}k),$$

wobei

$$\widehat{\psi^{(1,0)}_{J-2}}(\omega) = \frac{1}{\sqrt{2}} m_0(2^{1-J}\omega)\widehat{\psi}_{J-1,0}(\omega),$$

(9.1)

$$\widehat{\psi^{(1,1)}_{J-2}}(\omega) = \frac{1}{\sqrt{2}} m_1(2^{1-J}\omega)\widehat{\psi}_{J-1,0}(\omega).$$

Die Wavelet-Pakete $\psi^{(1,0)}_{J-2,k}$ und $\psi^{(1,1)}_{J-2,k}$ bilden zusammen eine Riesz-Basis von W_{J-1}. Das folgt aus dem sogenannten *Splitting Trick*:

Satz 9.1. *Es sei $\{\chi(t-k)\}$ eine Riesz-Basis eines Unterraums V. Dann bilden die Funktionen*

$$\chi^0_k(t) = \sqrt{2}\chi^0(t - 2k) \quad und \quad \chi^1_k(t) = \sqrt{2}\chi^1(t - 2k)$$

zusammen eine Riesz-Basis von V, wobei

$$\widehat{\chi^0}(\omega) = m_0(\omega)\widehat{\chi}(\omega) \quad und \quad \widehat{\chi^1}(\omega) = m_1(\omega)\widehat{\chi}(\omega).$$

Wir definieren nun allgemeine Wavelet-Pakete als

$$\psi^e_{j,k}(t) = \psi^e_j(t - 2^{-j}k),$$

wobei $e = (e_1, \ldots, e_L)$ eine Folge von Nullen und Einsen ist und

$$\widehat{\psi_j^e}(\omega) = 2^{-j/2}\widehat{\varphi}(2^{-j-L}\omega) \prod_{i=0}^{L-1} m_{e_i}(2^{i-j-L}\omega).$$

Mit anderen Worten: Man erhält das Wavelet-Paket ψ_j^e durch Anwendung einer Folge von Tiefpaß- und Hochpaß-Filterungen entsprechend den e_i's, wobei man mit der Skalierungsfunktion $\varphi_{j+L,0}$ beginnt. Der von den Wavelet-Paketen $\psi_{j,k}^e$ für festes j und e aufgespannte Raum wird mit W_j^e bezeichnet. In Abb. 9.6 zeigen wir die idealen Frequenzbänder, die diesen Räumen zugeordnet sind.

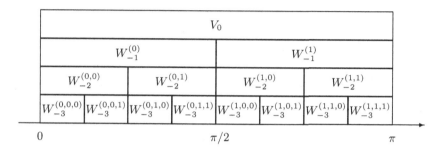

Abb. 9.6. Die idealen Frequenzbänder für die Wavelet-Paket-Räume

In Abbildung 9.7 zeigen wir die Parkettierung der idealen Zeit-Frequenz-Ebene für zwei spezielle Wavelet-Paket-Basen zusammen mit den entsprechenden Teilbäumen des Wavelet-Paket-Baumes. Man beachte, daß sich bei einer langen Zeitdauer mit der ersten Basis (linke Abbildung) zwei Hochfrequenz-Basisfunktionen ergeben.

Wavelet-Pakete in zwei Dimensionen

Es gibt auch Wavelet-Pakete für zweidimensionale Wavelet-Transformationen. Für separable Wavelets läuft das auf Folgendes hinaus: Man gestattet, daß die Detail-Räume $\mathbf{W}^H$, $\mathbf{W}^V$ und $\mathbf{W}^D$ mit separablen zweidimensionalen Filtern weiter aufgeteilt werden. Das ergibt einen komplizierteren Wavelet-Paket-Baum, bei dem jeder Knoten vier Nachfolger hat. In Abb. 9.8 sieht man die Frequenzebenenzerlegung von separablen Wavelet-Paketen nach einmaligen und zweimaligem Splitting. Die oberen Indizes $0, 1, 2, 3$ bezeichnen das Filtern mit $\mathbf{H}$, $\mathbf{G}_H$, $\mathbf{G}_V$ bzw. $\mathbf{G}_D$.

Übungsaufgaben zu Abschnitt 9.2

Übungsaufgabe 9.2. Skizzieren Sie Schritt für Schritt, wie sich die ideale Zerlegung der Zeit-Frequenz-Ebene ändert, wenn man von der Darstellung im Raum V_J zu den Wavelet-Paket-Darstellungen von Abb. 9.7 übergeht.

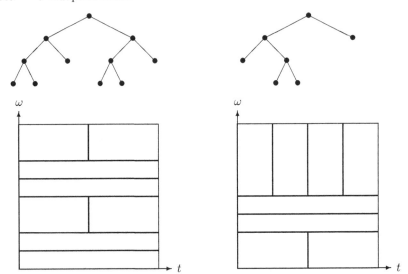

Abb. 9.7. Die Parkettierung der idealen Zeit-Frequenz-Ebene fur zwei verschiedene Wavelet-Paket-Basen

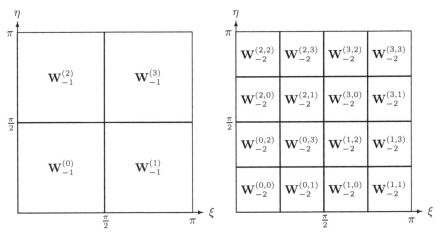

Abb. 9.8. Die ideale Zerlegung der Frequenzebene für separable zweidimensionale Wavelet-Paket-Basen

9.3 Entropie und Best-Basis-Auswahl

Eine natürliche Frage an dieser Stelle ist, welche der vielen Wavelet-Paket-Transformationen man wählen soll. Haben wir einige A-priori-Informationen über die zu betrachtenden Signale, dann kann das mitunter dazu verwendet werden, eine geeignete Wavelet-Paket-Basis zu wählen. Das trifft etwa bei den FBI-Fingerabdruckbildern zu, bei denen man weiß, daß sich die Furchen in den Fingerabdrücken mit gewissen Häufigkeiten wiederholen. Stehen keine derartigen Informationen zur Verfügung, dann müssen wir diejenige Transformation wählen, die für das gegebene Signal in Bezug auf ein gewähltes Kriterium optimal ist.

Der Best-Basis-Algorithmus

Angenommen, wir haben eine *Kostenfunktion* Λ, die auf irgendeine Weise die Leistung der verschiedenen Transformationen mißt, das heißt, falls c und $\tilde{c}$ die Koeffizienten in zwei verschiedenen Basen sind, dann wird die erste bevorzugt, falls $\Lambda(c) < \Lambda(\tilde{c})$. Wir setzen weiter voraus, daß Λ *additiv* ist, das heißt: Vereinigen wir zwei Folgen c_1 und c_2 zu einer Folge c, die wir in der Form $c = [c_1 \, c_2]$ schreiben, dann haben wir $\Lambda(c) = \Lambda(c_1) + \Lambda(c_2)$. Wir beschreiben, wie man die Wavelet-Paket-Basis findet, deren Koeffizienten für ein gegebenes Signal den Wert Λ minimieren. Das scheint zunächst eine schwierige Frage zu sein, da die Anzahl der Wavelet-Paket-Basen proportional zu 2^N ist, falls wir mit N Skalierungskoeffizienten $s_{J,k}$ beginnen. Jedoch gibt es einen Depth-First-Suchalgorithmus, der eine optimale Basis in $O(N \log N)$ Operationen findet. Dieser Algorithmus heißt *Best-Basis-Algorithmus*.

Um zu verstehen, wie der Algorithmus funktioniert, sehen wir uns die Aufteilung der Skalierungskoeffizienten s_J in s_{J-1} und w_{J-1} an. Wir nehmen rekursiv an, daß wir eine optimale Folge von Auswahlmöglichkeiten für eine Aufteilung s_{J-1} und w_{J-1} kennen und bezeichnen die entsprechenden optimalen Wavelet-Paket-Koeffizienten mit s_{J-1}^{opt} und w_{J-1}^{opt}. Die Additivität impliziert nun, daß die besten Wavelet-Paket-Koeffizienten, die wir beim Aufteilen von s_J erhalten können, durch $c_{J-1}^{opt} = [s_{J-1}^{opt} \, w_{J-1}^{opt}]$ gegeben sind, denn für jede andere Menge von Wavelet-Paket-Koeffizienten $c_{J-1}^{oth} = [s_{J-1}^{oth} \, w_{J-1}^{oth}]$ haben wir:

$$\Lambda(c_{J-1}^{oth}) = \Lambda(s_{J-1}^{oth}) + \Lambda(w_{J-1}^{oth}) \geq \Lambda(s_{J-1}^{opt}) + \Lambda(w_{J-1}^{opt}) = \Lambda(c_{J-1}^{opt}).$$

Wir sollten demnach s_J genau dann aufteilen, wenn

$$\Lambda(s_J) > \Lambda(c_{J-1}^{opt}) = \Lambda(s_{J-1}^{opt}) + \Lambda(w_{J-1}^{opt}).$$

Entropie und weitere Kostenfunktionen

Entropie

Bei vielen Anwendungen besteht das Ziel darin, die relevanten Informationen aus einem Signal zu extrahieren, indem man möglichst wenige Koeffizienten verwendet. Wir möchten also, daß einige Koeffizienten groß und die verbleibenden klein sind. Die *Entropie* ist ein übliches Mittel zur Messung dieser Eigenschaft. Die Entropie der Koeffizienten c wird definiert durch

$$\mathcal{H}(c) := -\sum_k p_k \log p_k,$$

wobei

$$p_k = \frac{|c_k|^2}{\|c\|^2} \quad \text{und} \quad 0 \log 0 := 0.$$

Eine wohlbekannte Tatsache in Bezug auf das in Übungsaufgabe 9.4 skizzierte Entropiemaß ist durch folgenden Satz gegeben:

Satz 9.2. *Ist c eine endliche Folge der Länge K, dann gilt*

$$0 \le \mathcal{H}(c) \le \log K.$$

Darüber hinaus wird der Minimalwert nur dann erreicht, wenn mit Ausnahme eines c_k alle anderen c_k gleich 0 sind, und das Maximum wird nur dann erreicht, wenn alle $|c_k|$ gleich $1/\sqrt{K}$ sind. □

Natürlich gilt die Schlußfolgerung auch für Folgen c mit höchstens K von Null verschiedenen Koeffizienten. Die Zahl $d(c) = e^{\mathcal{H}(c)}$ ist in der Informationstheorie als die *theoretische Dimension* von c bekannt. Man kann Folgendes beweisen: Die Anzahl der Koeffizienten, die zur Approximation von c mit einem Fehler kleiner als ϵ benötigt werden, ist proportional zu $d(c)/\epsilon$.

Jedoch dürfen wir das Entropiemaß als Kostenfunktion nicht direkt benutzen, da es nicht additiv ist. Definieren wir aber die additive Kostenfunktion

$$\Lambda(c) := -\sum_k |c_k|^2 \log |c_k|^2,$$

dann haben wir

(9.2) $$\mathcal{H}(c) = 2 \log \|c\| + \frac{1}{\|c\|^2} \Lambda(c).$$

Wir sehen also, daß das Minimieren von Λ äquivalent zum Minimieren von $\mathcal{H}$ für Koeffizientenfolgen mit fester Norm ist. Möchten wir also den Best-Basis-Algorithmus zur Minimierung der Entropie verwenden, dann müssen wir gewährleisten, daß die Norm von s_J gleich der Norm von $[s_{J-1} \, w_{J-1}]$ ist. Mit anderen Worten: wir müssen orthogonale Filter verwenden.

Weitere Kostenfunktionen

Eine alternative Kostenfunktion ist die ℓ^1-Norm von c:

$$\Lambda(c) := \sum_k |c_k|.$$

Für Koeffizientenfolgen mit fester $\ell^2(\mathbb{Z})$-Norm wird Λ ebenfalls minimiert, wenn sämtliche Koeffizienten – mit einer Ausnahme – gleich 0 sind, und Λ

wird maximiert, wenn alle $|c_k|$ gleich sind. Für relevante Vergleiche zwischen s_J und $[s_{J-1} \, w_{J-1}]$ benötigen wir wieder die Orthogonalität der Filter.

Abschließend erwähnen wir zwei anwendungsabhängige Kostenfunktionen. Verwendet man Wavelet-Pakete zur Unterdrückung von Rauschen bei Signalen, dann möchte man diejenige Basis wählen, die den kleinsten Fehler zwischen dem rauschunterdrückten Signal und dem echten Signal liefert. Als Kostenfunktion kann man eine Schätzung dieses Vorhersagefehlers verwenden. Ein Beispiel hierfür ist die Kostenfunktion SURE, die wir in Abschnitt 10.2 verwenden. Bei Klassifikationsanwendungen verwendet man Kostenfunktionen, die die Separierungsfähigkeit von Klassen messen. Eine ausführlichere Diskussion findet man in Kapitel 14.

Übungsaufgaben zu Abschnitt 9.3

Übungsaufgabe 9.3. Beweisen Sie, daß das Entropiemaß keine additive Kostenfunktion ist, daß aber Λ eine solche ist. Danach beweise man die Identität (9.2).

Übungsaufgabe 9.4. Beweisen Sie Satz 9.2. Hinweis: Verwenden Sie dabei, daß die Exponentialfunktion strikt konvex ist, das heißt,

$$e^{\sum_k \lambda_k x_k} \leq \sum_k \lambda_k e^{x_k}$$

gilt für $\lambda_k \geq 0$ und $\sum_k \lambda_k = 1$, wobei Gleichheit nur dann auftritt, wenn alle x_k gleich sind. Man wende das mit $\lambda_k = p_k$ und $x_k = \log p_k$ an, um $e^{\mathcal{H}(c)} \leq K$ zu erhalten. Die verbleibende Ungleichung sollte offensichtlich sein, da die Beziehung $0 \leq p_k \leq 1$ gilt, woraus $\log p_k \leq 0$ folgt. Die einzige Möglichkeit für $\mathcal{H}(c) = 0$ besteht darin, daß alle p_k entweder 0 oder 1 sind. Da ihre Summe jedoch 1 ist, folgt, daß ein p_k gleich 1 ist und die übrigen gleich 0 sind.

Übungsaufgabe 9.5. Zeigen Sie, daß für $c \in \mathbb{R}^K$ die Ungleichung

$$\|c\| \leq \sum_{k=1}^K |c_k| \leq \sqrt{K} \, \|c\|$$

gilt, wobei der Maximalwert erreicht wird, wenn alle $|c_k|$ gleich sind, und der Minimalwert erreicht wird, wenn alle c_k mit einer Ausnahme gleich 0 sind. Hinweis: Für die rechte Ungleichung schreibe man

$$\sum_{k=1}^K |c_k| = \sum_{k=1}^K 1 \cdot |c_k|$$

und verwende die Cauchy-Schwarzsche Ungleichung. Für die linke Seite kann man $\|c\| = 1$ voraussetzen (warum?). Man zeige nun, daß hieraus $|c_k| \leq 1$ für alle k folgt. Dann gilt $|c_k|^2 \leq |c_k|$ und die Ungleichung folgt.

9.4 Lokale trigonometrische Basen

Im vorhergehenden Abschnitt hatten wir beschrieben, wie Wavelet-Pakete den Zeit-Frequenz-Zerlegungen eine Frequenz-Adaptivität verleihen. Bei der Verwendung dieser Pakete teilen wir die Frequenzbänder immer dann in zwei Teile, wenn es für uns vorteilhaft ist. Lokale trigonometrische Basen lassen sich als dual zu Wavelet-Paketen auffassen, wobei nun die Adaptivität anstelle der Zeitvariablen auftritt. Darüber hinaus werden die lokal trigonometrischen Basen explizit definiert, während die Definition der Wavelet-Pakete algorithmisch erfolgt.

Die lokalen trigonometrischen Basisfunktionen

Wir beginnen mit einer Partition der reellen Geraden in Intervalle I_k, $k \in \mathbb{Z}$. Aus Einfachheitsgründen wählen wir $I_k = [k, k+1]$, aber die Konstruktion funktioniert ohne ernsthafte Komplikationen auch für nicht gleichmäßige Partitionen. Wir betrachten die Fensterfunktionen $w_k(t)$, die den Intervallen I_k zugeordnet sind und folgende Eigenschaften haben:

(9.3a) $$0 \leq w_k(t) \leq 1 \quad \text{für alle } t,$$

(9.3b) $$w_k(t) = 0 \quad \text{für } t \leq k - \frac{1}{2} \text{ und } t \geq k + \frac{3}{2},$$

(9.3c) $$w_k(k+t)^2 + w_k(k-t)^2 = 1 \quad \text{für } |t| \leq \frac{1}{2},$$

(9.3d) $$w_k(k+1+t)^2 + w_k(k+1-t)^2 = 1 \quad \text{für } |t| \leq \frac{1}{2},$$

(9.3e) $$w_k(k-t) = w_{k-1}(k+t) \quad \text{für alle } t.$$

Man benötigt diese etwas komplizierten Bedingungen, um zu gewährleisten, daß die – in Kürze zu definierenden – lokalen trigonometrischen Basisfunktionen eine ON-Basis von $L^2(\mathbb{R})$ liefern.

Setzen wir $t = 1/2$ in (9.3c), dann sehen wir, daß $w_k(k+1/2) = 1$, denn aus (9.3b) ergibt sich $w_k(k-1/2) = 0$. Mitunter fordert man, daß die Fensterfunktion w_k identisch 1 auf $[k, k+1]$ und 0 außerhalb dieses Intervalls ist, wobei kleine Intervalle um $t = k$ und $t = k+1$ ausgenommen sind. In diesem Fall liegt $w_k(t)$ sehr nahe bei dem idealen Fenster. Da wir eine gleichmäßige Partition haben, können wir die Fensterfunktionen aus *einer* Fensterfunktion $w(t)$ durch die Verschiebung $w_k(t) = w(t-k)$ gewinnen.

Die lokalen trigonometrischen Basisfunktionen für die Partitionierung I_k werden konstruiert, indem man die Fenster $w_k(t)$ mit Kosinusschwingungen bei den Frequenzen $\pi(n + \frac{1}{2})$ füllt:

$$b_{n,k}(t) = \sqrt{2}\, w_k(t) \cos\left[\pi(n + \frac{1}{2})(t - k)\right].$$

Man kann zeigen, daß die Funktionen $b_{n,k}$ eine orthonormale Basis von $L^2(\mathbb{R})$ bilden.

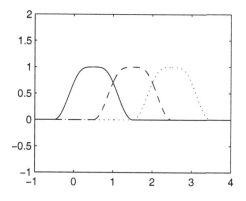

Abb. 9.9. Fensterfunktionen

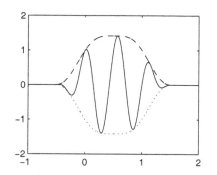 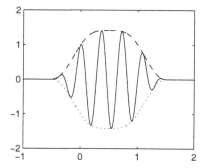

Abb. 9.10. Zwei Basisfunktionen $b_{3,0}$ und $b_{5,0}$

Zur Berechnung der Koeffizienten

$$c_{n,k} = \langle f, b_{n,k} \rangle = \int_{-\infty}^{\infty} f(t) b_{n,k}(t)\, dt$$

$$= \sqrt{2} \int_{k-\frac{1}{2}}^{k+\frac{3}{2}} f(t) w_k(t) \cos\left[\pi(n+\frac{1}{2})(t-k) \right]\, dt$$

bemerken wir, daß $\cos\left[\pi(n+\frac{1}{2})(t-k)\right]$ symmetrisch um den linken Intervallendpunkt $t = k$ und antisymmetrisch um den rechten Intervallendpunkt $t = k+1$ liegt. Deswegen lassen sich die außerhalb des Intervalls $[k, k+1]$ liegenden Teile von $f(t)w_k(t)$ so in das Intervall zurückfalten, wie in Abb. 9.11 dargestellt. Das erzeugt eine gefaltete Version $\widetilde{f}$ von f und die Koeffizienten $c_{n,k}$ sind dann gegeben durch

$$c_{n,k} = \sqrt{2} \int_{k}^{k+1} \widetilde{f}(t) \cos\left[\pi(n+\frac{1}{2})(t-k) \right]\, dt.$$

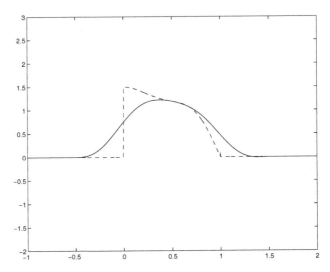

Abb. 9.11. Die Fensterfunktion $f(t)w(t)$ (fortlaufende Linie) und ihre gefaltete Version (gestrichelte Linie)

Berechnet man die Koeffizienten $c_{n,k}$ nach dem Falten, dann kann man die schnellen Algorithmen der diskreten Kosinustransformation (Discrete Cosine Transform, DCT) verwenden. Für N Sample-Werte beläuft sich dann die Anzahl der Operationen auf $O(N \log N)$. Zur Rekonstruktion der Sample-Werte von f aus den Koeffizienten $c_{n,k}$ wenden wir zuerst eine inverse Kosinustransformation an, um die Sample-Werte der gefalteten Funktion $\tilde{f}$ zu erhalten. Diese Funktion kann dann „entfaltet" werden, um f zu erzeugen (vgl. Übungsaufgabe 9.6).

Adaptive Segmentierung

Wie bereits früher erwähnt, funktioniert die Konstruktion der Basisfunktionen $b_{n,k}$ für eine beliebige Partition der reellen Geraden. Wir suchen eine optimale Partition, indem wir zum Beispiel eine der oben beschriebenen Kostenfunktionen verwenden. Das kann durchgeführt werden, indem man Intervalle adaptiv „fusioniert", wobei man von einer Anfangspartition ausgeht. Wir wollen die Verschmelzung der Intervalle $I_0 = [0,1]$ und $I_1 = [1,2]$ zu $\tilde{I}_0 = [0,2]$ betrachten. Eine Fensterfunktion für $\tilde{I}_0$ ist gegeben durch

$$\widetilde{w}_0(t) = \sqrt{w_0(t)^2 + w_1(t)^2},$$

und man kann zeigen, daß dieser Ausdruck leicht modifiziert die Bedingungen (9.3a)-(9.3e) erfüllt. Die zu $\tilde{I}_0$ gehörenden Basisfunktionen sind definiert durch

$$\widetilde{b}_{n,0}(t) = \frac{1}{\sqrt{2}}\,\widetilde{w}_0(t)\cos\left[\pi(n+\tfrac{1}{2})\frac{t}{2}\right].$$

Man beachte, daß wir bei Frequenzen $\frac{\pi}{2}(n+\frac{1}{2})$ nach dem Verschmelzen analysieren und somit eine doppelt so gute Frequenzauflösung erhalten. Gleichzeitig haben wir einen Verlust an Zeitauflösung. Man bezeichne die Koeffizienten der Basisfunktionen $b_{n,0}$, $b_{n,1}$ und $\tilde{b}_{n,0}$ mit $c_{n,0}$, $c_{n,1}$ und $\tilde{c}_{n,0}$. Man kann zeigen, daß die Transformation von $[c_0 \, c_1]$ nach $\tilde{c}_0$ orthogonal ist. Deswegen zahlt es sich aus, I_0 und I_1 miteinander zu verschmelzen, wenn $\Lambda(\tilde{c}_0) < \Lambda(c_0) + \Lambda(c_1)$.

Auf dieselbe Weise können wir die Intervalle $I_{2k} = [2k, 2k+1]$, $I_{2k+1} = [2k+1, 2k+2]$ in $\tilde{I}_k = [2k, 2k+2]$ verschmelzen. Diese lassen sich dann weiter verschmelzen und es ergibt sich eine Baumstruktur, die dem Wavelet-Paket-Baum ähnelt. Bei diesem Baum kann man den gleichen Suchalgorithmus anwenden, um eine optimale Zeitsegmentierung mit $O(N \log N)$ Operationen zu finden.

In Abb. 9.12 ist die Zerlegung der Zeit-Frequenz-Ebene für eine spezielle lokale trigonometrische Basis dargestellt. Der Leser möge herausfinden, auf welche Weise die Intervalle verschmolzen wurden, um diese Basis zu erhalten (als Ausgangspunkt nehme man den Fall ohne Frequenzauflösung, vgl. Abb. 9.3).

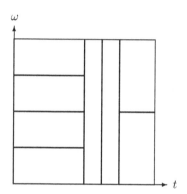

Abb. 9.12. Parkettierung der Zeit-Frequenz-Ebene durch eine lokale trigonometrische Basis

Übungsaufgaben zu Abschnitt 9.4

Übungsaufgabe 9.6. Zeigen Sie, daß die gefaltete Funktion $\tilde{f}$ wie folgt gegeben ist:

$$\tilde{f}(k+t) = \begin{cases} w_k(k-t)f(k+t) - w_k(k+t)f(k-t), & \text{für } -\frac{1}{2} \leq t \leq 0, \\ w_k(k+t)f(k+t) + w_k(k-t)f(k-t), & \text{für } 0 \leq t \leq \frac{1}{2}. \end{cases}$$

Zeigen Sie auch, daß f aus seiner gefalteten Version folgendermaßen rekonstruiert werden kann:

$$f(k+t) = \begin{cases} w_k(k+t)\widetilde{f}(k-t) + w_k(k-t)\widetilde{f}(k+t), & \text{für } -\frac{1}{2} \le t \le 0, \\ w_k(k+t)\widetilde{f}(k+t) - w_k(k-t)\widetilde{f}(k-t), & \text{für } 0 \le t \le \frac{1}{2}. \end{cases}$$

Übungsaufgabe 9.7. Konstruieren Sie eine Parkettierung der Zeit-Frequenz-Ebene, die sich nicht aus Wavelet-Paketen oder lokalen trigonometrischen Basen gewinnen läßt.

9.5 Bemerkungen

Für weitere Ausführungen zu Wavelet-Paketen und lokalen trigonometrischen Basen sowie Zeit-Frequenz-Zerlegungen im Allgemeinen verweisen wir auf die Arbeit *Lectures on Wavelet Packet Algorithms* [31] von Wickerhauser.

Wavelet-Pakete lassen sich auch im nichtseparablen Fall definieren. Wavelet-Pakete für hexagonale Wavelets führen auch zu einigen faszinierenden Frequenzebenen-Zerlegungen, die man in der Arbeit von Cohen und Schlenker [10] findet.

Kompression und Unterdrückung
von Rauschen

Bis zum heutigen Tage ist die Bildkompression die vielleicht erfolgreichste
Anwendung der Wavelets. Sie beruht auf der Feststellung, daß für die meisten
Bilder einige große Wavelet-Koeffizienten die „relevanten Informationen" über
das Bild enthalten, während die anderen Koeffizienten sehr klein sind.

Eine analoge Betrachtung ist die theoretische Grundlage, die hinter dem
Wavelet-Denoising steht. Orthogonale Wavelets transformieren weißes Rauschen in weißes Rauschen und deswegen verteilt sich das Rauschen gleichmäßig
über alle Wavelet-Koeffizienten. Dieser Umstand ermöglicht das Extrahieren
der wenigen großen Wavelet-Koeffizienten und eliminiert das meiste Rauschen,
indem die kleinen Wavelet-Koeffizienten gleich 0 gesetzt werden.

10.1 Bildkompression

Aus Gründen der Einfachheit arbeiten wir hier nur mit Grauskalen-Bildern
$f(x, y)$, wobei $0 < x, y < 1$. Wir setzen $0 \leq f(x, y) \leq 1$ voraus, wobei 0
schwarz und 1 weiß ist. Die Verallgemeinerung auf Farbbilder ist unmittelbar
ersichtlich, denn ein Farbbild läßt sich unter Verwendung der standardmäßigen Rot-Grün-Blau-Darstellung durch drei Funktionen $f_r(x, y)$, $f_g(x, y)$ und
$f_b(x, y)$ darstellen.

Ein allgemeiner Bildkompressionsalgorithmus besteht aus den drei in Abb.
10.1 dargestellten Teilen: *Bildtransformation*, *Quantisierung* und *Entropie-*

Abb. 10.1. Der allgemeine Bildkompressionsalgorithmus

Codierung. Die Bildtransformation ist im Allgemeinen eine lineare und invertierbare Transformation, die das Bild dekorreliert, um die Kompression zu ermöglichen. Der Quantisierungsschritt bildet die transformierten Koeffizienten in eine kleinere endliche Menge von Werten ab. Das ist derjenige Schritt im Kompressionsalgorithmus, bei dem einige Informationen verlorengehen. Der überwiegende Teil der Kompression erfolgt im Entropie-Codierungs-Schritt. Zur Rekonstruktion des komprimierten Bildes kehren wir den ganzen Prozeß um (vgl. Abb. 10.2), was zu einer Approximation $\hat{f}$ des ursprünglichen Bildes führt.

Abb. 10.2. Dekompression

Bildtransformation

Die meisten Bilder haben eine räumliche Korrelation, das heißt, benachbarte Pixel tendieren dazu, ähnliche Grauskalenwerte zu haben. Der Zweck der Bildtransformation besteht darin, diese Redundanz auszunutzen, um eine Kompression zu ermöglichen. Man rufe sich die zweidimensionale Haar-Transformation in Erinnerung, bei der Gruppen von vier Pixelwerten durch ihren Mittelwert und drei Wavelet-Koeffizienten oder „Differenzen" ersetzt werden. Sind die besagten vier Pixelwerte ähnlich, dann sind die entsprechenden Wavelet-Koeffizienten im Wesentlichen gleich 0. Die Mittelwertbildung und die Differenzenbildung werden mit den Mittelwerten rekursiv wiederholt, um die großskalige Redundanz zu erfassen. Für glatte Bildbereiche haben die meisten Wavelet-Koeffizienten fast den Wert 0. Feinskalen-Wavelet-Koeffizienten werden an den Kanten und in Bereichen mit schnellen Änderungen benötigt. Einige großskalige Koeffizienten sorgen für langsame Änderungen im Bild. Für Bilder mit zu vielen Änderungen enthalten einige Wavelet-Koeffizienten die relevanten Bildinformationen. Für Bilder mit Textur, wie zum Beispiel Fingerabdruck-Bilder, könnte sich eine Wavelet-Paket-Transformation als angemessener erweisen.

Der größte Teil der Kompression erfolgt während der ersten Filterungsschritte der Wavelet-Transformation. Deswegen wird die Filterbank bei der Wavelet-Bildkompression üblicherweise nur einige Male iteriert, etwa vier- oder fünfmal. Man verwendet ein Wavelet, das glatter als das Haar-Wavelet ist, denn die Kompression mit Haar-Wavelets führt zu *Block-Artefakten*; auf dem rekonstruierten Bild treten rechteckige Muster auf. Die Wahl einer optimalen Wavelet-Basis ist ein offenes Problem, denn dabei sind viele Aspekte zu berücksichtigen.

Zunächst möchten wir, daß die Synthese-Skalierungsfunktionen und Wavelets glatt sind. Gleichzeitig erhöht sich durch Glattheit die Filterlänge und somit auch die Trägerbreite der Skalierungsfunktionen und Wavelets. Zu lange Synthese-Filter führen zu „ringing" Artefakten an den Kanten. Darüber hinaus möchten wir, daß alle Filter symmetrisch sind.

Eine weiteres Problem im Zusammenhang mit der Wavelet-Bildkompression sind die *Randartefakte*. Bei der Wavelet-Transformation wird vorausgesetzt, daß $f(x, y)$ auf der ganzen Ebene definiert ist, und deswegen muß das Bild außerhalb der Ränder fortgesetzt werden. In der Praxis gibt es drei Fortsetzungen: Zero-Padding, periodische Fortsetzung oder symmetrische Fortsetzung. Zero-Padding definiert das Bild als 0 außerhalb der Ränder. Nach der Kompression hat das einen „verdunkelnden" Einfluß auf das Bild nahe des Randes. Die periodische Fortsetzung setzt voraus, daß sich das Bild außerhalb der Ränder periodisch erweitert. Entsprechen die Grauskalenwerte am linken Rand nicht denen am rechten Rand usw., dann induziert die periodische Fortsetzung Unstetigkeiten an den Rändern und das führt seinerseits erneut zu Kompressionsartefakten.

Allgemein besteht die beste Methode in der Verwendung einer symmetrischen Fortsetzung, die zu einer stetigen Fortsetzung an den Rändern führt, wobei keine Kompressionsartefakte auftreten. Eine symmetrische Fortsetzung erfordert symmetrische Filter. Eine alternative Methode ist die Verwendung des sogenannten randkorrigierten Wavelets. Wir setzen die Diskussion des Randproblems in Kapitel 15 fort.

Eine weitere mögliche Bildtransformation ist die klassische Fourier-Transformation. Ist das Signal glatt, dann klingen die Fourier-Koeffizienten sehr schnell in Richtung hoher Frequenzen ab und das Bild läßt sich unter Verwendung einer recht kleinen Anzahl von Niederfrequenz-Koeffizienten darstellen. Jedoch führt das Vorhandensein einer einzigen Kante dazu, daß die Fourier-Koeffizienten sehr langsam abklingen und es ist keine Kompression mehr möglich. Dieser Umstand läßt sich durch Verwendung einer gefensterten Fourier-Transformation umgehen. Hierbei handelt es sich im Wesentlichen um den JPEG-Algorithmus, bei dem das Bild in Blöcke von 8×8 Pixel aufgeteilt wird und auf jeden Block eine Kosinus-Transformation angewendet wird. Bei Blöcken ohne Kanten sind die Hochfrequenz-Koeffizienten fast 0.

Bei hohen Kompressionsverhältnissen treten Block-Artefakte im JPEG-Algorithmus auf, das heißt, die 8×8 Blöcke werden im rekonstruierten Bild sichtbar. Mit geeignet gewählten Wavelets funktioniert die Wavelet-Bildkompression besser. Bei moderaten Kompressionsverhältnissen, zum Beispiel 1 : 10, läßt sich die Performance von JPEG mit der Performance von Wavelets vergleichen.

Quantisierung und Entropie-Codierung

Nach der Bildtransformation sind die meisten Koeffizienten fast 0. Ein grober Kompressionsalgorithmus würde darin bestehen, diese alle gleich 0 zu setzen und nur die wenigen verbleibenden signifikanten Koeffizienten zu speichern. Ein komplizierterer Algorithmus wendet eine *Quantisierungsregel* auf die transformierten Koeffizienten an.

Eine Quantisierungsregel ist eine Funktion $q : \mathbb{R} \to \{0, 1, \ldots, K\}$. Ein Koeffizientenwert $x > 0$ wird der ganzen Zahl k zugeordnet, falls er im Intervall $(d_k, d_{k+1}]$ liegt. Die Zahlen d_k werden als die *Entscheidungspunkte* der Quantisierungsregel bezeichnet. Ein negativer Wert von x wird einem entsprechenden Intervall auf der negativen Achse zugeordnet.

Die *Dequantisierungsregel* ordnet der ganzen Zahl k ein *Rekonstruktionslevel* $r_k \in (d_k, d_{k+1}]$ zu. Üblicherweise verwendet man für r_k den Mittelpunkt des Intervalls $[d_k, d_{k+1}]$. Quantisierung mit anschließender Dequantisierung liefert eine stückweise konstante Funktion, die allen $d_k < x \leq d_{k+1}$ den gleichen Wert r_k zuordnet (Abb. 10.3).

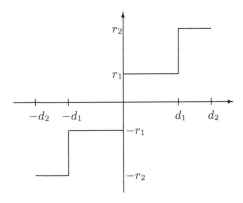

Abb. 10.3. Quantisierung mit anschließender Dequantisierung

Die Konstruktion der Entscheidungspunkte d_k ist wichtig, wenn man eine gute Kompression erhalten möchte. Bei der Wavelet-Bildkompression verwendet man verschiedene Quantisierungsregeln für verschiedene Skalen. Eine größere Anzahl von Bits und deswegen mehr Entscheidungspunkte werden bei „Schlüssel"-Frequenzbändern verwendet. Üblicherweise werden den höchsten Frequenzbändern sehr wenige Bits zugeordnet, während den niedrigeren Frequenzbändern immer mehr Bits zugeordnet werden. Innerhalb eines jeden Bandes werden die Entscheidungspunkte aufgrund eines statistischen Modells der Wavelet/Skalierungs-Koeffizienten festgelegt.

Nach der Quantisierung haben wir eine Menge von ganzzahligen Koeffizienten, von denen viele gleich 0 sind. Zur Erzielung einer signifikanten Kompression müssen alle diese Nullen auf effiziente Weise gespeichert werden. Eine Möglichkeit hierzu besteht darin, die Wavelet-Koeffizienten auf clevere Weise so anzuordnen, daß man lange Strings von Nullen erhält. Diese Strings lassen sich dann durch ihre Länge darstellen, indem man zum Beispiel die Run-Längen-Codierung (Run-Length Encoding, RLE) verwendet. Das ist ein Beispiel für die *Entropie-Codierung*. Es sind auch andere Kodierungsverfahren möglich, zum Beispiel die Huffman-Codierung. Die Entropie-Codierung ist ein verlustloser und demnach invertierbarer Schritt. Der einzige Verlustschritt beim Kompressionalgorithmus ist die Quantisierung.

Video-Kompression

Ein Video-Signal ist eine Folge von Bildern $f_i(x, y)$. Jede Sekunde enthält ungefähr 30 Bilder, das heißt, die Informationsmenge ist riesig. Zur Übertragung der Videosignale über das Internet oder über Telefonleitungen (Videokonferenzen) ist eine massive Kompression erforderlich. Das einfachste Verfahren der Videokompression ist die gesonderte Kompression eines jeden einzelnen Bildes f_i. Jedoch nutzt diese Methode nicht die temporäre Korrelation im Videosignal: benachbarte Frames haben die Tendenz, sehr ähnlich zu sein. Eine diesbezügliche Vorgehensweise besteht darin, das Videosignal als 3D Signal $f(x, y, t)$ zu behandeln und eine dreidimensionale Wavelet-Transformation anzuwenden.

Eine weitere Methode ist die Berechnung der Differenzbilder

$$\Delta f_i = f_{i+1} - f_i.$$

Zusammen mit einem Initialbild f_0 enthalten diese Differenzbilder die Informationen, die zur Rekonstruktion des Videosignals notwendig sind. Die Differenzbilder enthalten die Änderungen zwischen benachbarten Frames. Für Bildteile ohne Bewegung sind die Differenzbilder gleich 0 und dadurch haben wir bereits eine signifikante Kompression erreicht. Eine weitere Kompression ergibt sich durch die Ausnutzung der räumlichen Redundanz in den Differenzbildern und Anwendung einer zweidimensionalen Wavelet-Transformation W auf alle Δf_i und auf f_0. Die transformierten Bilder $W \Delta f_i$ und $W f_0$ werden quantisiert und codiert und anschließend übertragen/gespeichert.

Zur Rekonstruktion des Videosignals werden die inversen Wavelet-Transformationen berechnet, um die Approximationen $\widehat{\Delta f}_i$ und $\widehat{f}_0$ zu rekonstruieren. Hieraus können wir das Videosignal approximativ folgendermaßen rekonstruieren:

$$\widehat{f}_{i+1} = \widehat{f}_i + \widehat{\Delta f}_i.$$

Die schwachbesetzte Struktur von Δf_i kann dazu verwendet werden, die inversen Wavelet-Transformationen zu beschleunigen. Für Wavelets mit kompaktem Träger beeinflußt jeder Skalierungs- und Wavelet-Koeffizient nur einen kleinen Bildbereich. Wir müssen also nur die Pixel in Δf_i berechnen, die den von 0 verschiedenen Skalierungs- und Wavelet-Koeffizienten entsprechen.

Das soeben beschriebene Differenzschema ist ein Spezialfall einer *Bewegungsabschätzung*, bei der wir versuchen, einen Frame f_i auf der Grundlage M vorhergehender Frames vorherzusagen,

$$\widehat{f}_i = P(f_{i-1}, \ldots, f_{i-M}),$$

und dann die Wavelet-Transformation auf die Vorhersagefehler $\Delta f_i = \widehat{f}_i - f_i$ anwenden. Der Predictor P versucht, Bewegungen im Video zu erkennen, um eine genaue Vermutung in Bezug auf den nächsten Frame aufzustellen. Die Wavelet-Transformation eignet sich hierzu gut, denn sie enthält lokale Informationen über die Bilder.

Beispiel einer Wavelet-Bildkompression

Wir schließen unsere Diskussion der Bildkompression mit einem einfachen Beispiel einer Wavelet-Kompression. Alle Berechnungen erfolgten mit Hilfe des WAVELAB-Pakets. Als Testbild haben wir das berühmte, aus 512×512 Pixel bestehende *Lena*-Bild verwendet, das ein Standard-Testbild für die Bildkompression ist. Wir haben den groben Wavelet-Kompressionsalgorithmus verwendet und die $p\,\%$ größten Waveletkoeffizienten der Amplitude beibehalten. Wir haben das FBI 9/7 Filterpaar verwendet und die Filterbank 5-mal wiederholt. Wir haben vier verschiedene Werte der „Kompressionsparameter" verwendet: $p = 100$ (keine Kompression), $p = 10$, 4 und 1. Man beachte, daß p nicht exakt dem Kompressionsverhältnis entspricht, da in der Praxis auch die Nullen gespeichert werden müssen. In den Abbildungen 10.4 und 10.5 zeigen wir die dekomprimierten Bilder. Für $p = 10$ besteht kaum ein Unterschied zum Originalbild. Für $p = 4$ ist die Bildqualität immer noch gut, aber an den Kanten stellt man ein „Ringing" fest. Für $p = 1$ ist die Qualität des dekomprimierten Bildes ziemlich schwach.

10.2 Denoising

Wir nehmen an, daß ein Signal $f(t)$ auf dem Einheitsintervall $[0, 1]$ an den Punkten $t_k = 2^{-J}k$, $k = 1, \ldots, K = 2^J$ gesampelt ist. Es bezeichne $f_k = f(t_k)$ die exakten Sample-Werte. Angenommen, wir haben nur verrauschte Messungen von f_k, das heißt, wir haben die Daten $y_k = f_k + \sigma z_k$. Hier wird vorausgesetzt, daß z_k das Gaußsche weiße Rauschen ist, das heißt, es handelt sich um normalverteilte Zufallsvariable mit dem Mittelwert 0 und der Varianz 1. Der Parameter σ ist der Rauschpegel, der im Allgemeinen unbekannt ist und anhand der Daten geschätzt werden muß.

Wir möchten f aus den verrauschten Daten rekonstruieren. Anwenden einer orthogonalen diskreten Wavelet-Transformation W liefert

$$Wy = Wf + \sigma Wz.$$

p=100

p=10

Abb. 10.4. Originalbild und Kompression 1:10

p=4

p=1

Abb. 10.5. Dekomprimierte Bilder mit Kompression 1:25 und 1:100

Orthogonale Transformationen überführen Gaußsches weißes Rauschen in Gaußsches weißes Rauschen. Bezeichnen wir die Wavelet-Koeffizienten von y_k mit $\gamma_{j,k}$ und die Wavelet-Koeffizienten von f mit $w_{j,k}$, dann erhalten wir somit

$$\gamma_{j,k} = w_{j,k} + \sigma \widetilde{z}_{j,k},$$

wobei $\widetilde{z}_{j,k}$ das Gaußsche weiße Rauschen bedeutet.

In Abb. 10.6 haben wir die Testfunktion *HeaviSine* mit und ohne Rauschen graphisch dargestellt. Wir haben auch einen sogenannten „spike plot" der exakten und der verrauschten Wavelet-Koeffizienten aufgenommen. Die Feinskalen-Wavelet-Koeffizienten befinden sich im unteren Teil der Abbildung und die Grobskalen-Koeffizienten im oberen Teil. Aus dieser Abbildung geht deutlich hervor, daß es möglich ist, fast das gesamte Rauschen zu eliminieren, indem man „kleine" Wavelet-Koeffizienten $\gamma_{j,k}$ eliminiert, die meistens ein Rauschen enthalten, und dann das Testsignal extrahiert, indem man große Koeffizienten beibehält. Man beachte die Ähnlichkeit zum groben Wavelet-Bildkompressionsalgorithmus.

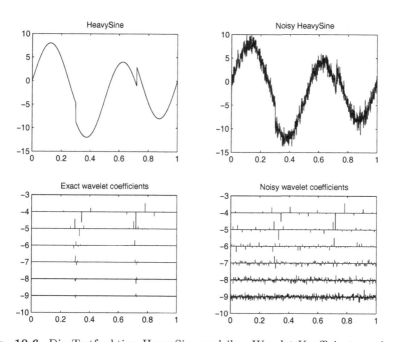

Abb. 10.6. Die Testfunktion HeavySine und ihre Wavelet-Koeffizienten mit und ohne Rauschen

Hard Thresholding und Soft Thresholding

Der oben angegebene Algorithmus zur Unterdrückung von Rauschen läßt sich als Anwendung einer *Threshold-Funktion* $\eta_T(w)$ auf die verrauschten Wavelet-

Koeffizienten auffassen. In diesem Fall wenden wir das *Hard Thresholding* an:

$$(10.1) \qquad \eta_T(w) = \begin{cases} w & \text{falls } |w| \geq T, \\ 0 & \text{andernfalls.} \end{cases}$$

Koeffizienten mit einem absoluten Wert, der kleiner als ein *Schwellenwert* T ist, werden auf 0 geschrumpft und alle anderen Koeffizienten bleiben ungeändert. Der Schwellenwert muß in Abhängigkeit vom Rauschpegel σ passend gewählt werden. Es gibt auch ein *Soft Thresholding*, bei dem die Threshold-Funktion folgendermaßen definiert wird:

$$(10.2) \qquad \eta_T(w) = \begin{cases} w - T & \text{falls } w \geq T, \\ w + T & \text{falls } w \leq -T, \\ 0 & \text{andernfalls.} \end{cases}$$

Im Unterschied zum Hard Thresholding werden diejenigen Koeffizienten, die einen absoluten Wert größer als T haben, um den Betrag T geschrumpft. Abb. 10.7 zeigt eine graphische Darstellung dieser beiden Threshold-Funktionen. Es sind auch andere Threshold-Funktionen möglich, zum Beispiel Kombinationen aus Hard Thresholding und Soft Thresholding.

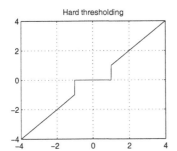 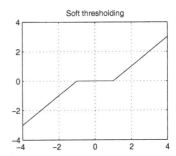

Abb. 10.7. Hard Thresholding und Soft Thresholding

Algorithmus. (Wavelet-Denoising)

1. Berechne die verrauschten Wavelet-Koeffizienten $\gamma_{j,k}$, $j = j_0, \dots, J-1$ und die verrauschten Skalierungs-Koeffizienten $\lambda_{j_0,k}$.
2. Wähle $T = \sqrt{2 \log N}$ als Schwellenwert.
3. Schätze die Skalierungs- und Wavelet-Koeffizienten folgendermaßen ab:

$$\widehat{s}_{j_0,k} = \lambda_{j_0,k},$$
$$\widehat{w}_{j,k} = \eta_T(\gamma_{j,k}).$$

4. Führe Abschätzungen $\widehat{f}_i$ durch Anwendung einer inversen Wavelet-Transformation auf $\widehat{s}_{j_0,k}$ und $\widehat{w}_{j,k}$ durch.

□

In Abb. 10.8 sieht man das Ergebnis der Anwendung des Wavelet-Denoising auf das Testsignal von Abb. 10.6.

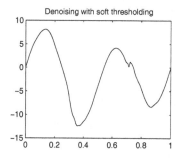
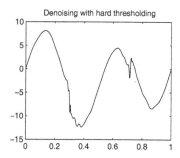

Abb. 10.8. Das Signal nach dem Denoising

Wir bemerken, daß sich die obige Wahl des Schwellenwerts theoretisch rechtfertigen läßt. Mit diesem Schwellenwert kann man zeigen, daß der Wavelet-Denoising-Algorithmus in einem gewissen Sinne optimal ist. Ist $\widehat{f}$ irgendeine Abschätzung von f auf der Grundlage von y, dann definieren wir das zu dieser Schätzung gehörende *Risiko* als den erwarteten mittleren quadratischen Fehler

$$R(\widehat{f}, f) = \frac{1}{K} E\left[\sum_{k=1}^{K} (\widehat{f}_k - f_k)^2\right].$$

Denoising mit Soft Thresholding minimiert das Risiko unter der Einschränkung, daß $\widehat{f}$ mit einer hohen Wahrscheinlichkeit mindestens so glatt ist wie f. Wir werden das hier nicht genauer ausführen. Stattdessen erwähnen wir nur, daß das Hard Thresholding im Allgemeinen zu einem kleineren mittleren quadratischen Fehler führt als das Soft Thresholding, wobei aber die Schätzung $\widehat{f}$ nicht so glatt ist.

Bei praktischen Anwendungen muß eine Feinabstimmung des Schwellenwertes auf die speziell betrachtete Signalklasse erfolgen. Auch der Rauschpegel ist im Allgemeinen unbekannt und muß auf der Grundlage der Daten abgeschätzt werden. Das erfolgt unter Verwendung der Wavelet-Koeffizienten auf der feinsten Skala, da dort der Einfluß des Signals f üblicherweise kleiner ist. Ein Abschätzung des Rauschpegels erfolgt durch

$$\widehat{\sigma} = \text{Median}(|\gamma_{J-1,k}|)/.6745.$$

Der Grund für die Verwendung einer Median-Abschätzung ist die Reduzierung des Einflusses von Ausreißern, das heißt, von verrauschten Wavelet-Koeffizienten mit einem großen Signalinhalt. Die gleiche Abschätzung kann zur Unterdrückung von farbigem Rauschen verwendet werden. In diesem Fall werden die skalenabhängigen Schwellenwerte wie folgt gewählt:

$$T_j = \sqrt{2\log K}\,\mathrm{Median}(|\gamma_{j,k}|)/.6745.$$

Die Wavelet-Koeffizienten werden dann in jeder Skala entsprechend diesen Schwellenwerten berechnet.

Denoising von Wavelet-Paketen

Die Leistungsfähigkeit des Denoising-Algorithmus hängt davon ab, in welchem Maße die Entropie des Signals bei der Wavelet-Transformation gesenkt wird, das heißt, in welchem Ausmaß die meisten Koeffizienten klein sind und einige wenige Koeffizienten groß sind. Demnach könnte es sich vielleicht lohnen, den Best-Basis-Algorithmus von Kapitel 9 zu verwenden und ein Soft-Thresholding oder Hard-Thresholding auf die optimalen Wavelet-Paket-Koeffizienten anzuwenden. Jedoch können wir beispielsweise das Entropie-Maß nicht verwenden, denn dieses erfordert die Kenntnis der exakten Wavelet-Koeffizienten, die wir nicht kennen. Die Berechnung der Entropie der verrauschten Wavelet-Koeffizienten wäre sehr irreführend – wegen des weißen Rauschens, das eine sehr hohe Entropie hat.

Stattdessen kann man als Kostenfunktion eine Abschätzung des Risikos $R(f,\widehat{f})$ verwenden, wobei $\widehat{f}$ die Schätzung von f ist, die man aus dem Thresholding der verrauschten Wavelet-Paket-Koeffizienten erhält. Eine solche Abschätzung ist für das Soft-Thresholding durch *Stein's Unbiased Risk Estimator*

$$(10.3) \qquad \mathrm{SURE}(c) = \sigma^2(K - 2\sharp\{|c_k| \le T\}) + \sum_{k=1}^{K} \min(c_i^2, T^2)$$

gegeben, wobei die c_k die verrauschten Wavelet-Paket-Koeffizienten in einer speziellen Wavelet-Paket-Basis bezeichnen. Durch Verwendung des Best-Basis-Algorithmus mit der Kostenfunktion SURE läßt sich das Denoising in gewissen Fällen verbessern.

10.3 Bemerkungen

Der Übersichtsartikel Jawerth et al. [17] ist ein guter Ausgangspunkt für das weitere Studium der Wavelet Bild- und Video-Kompression. Das Buch von Nguyen & Strang [27] enthält eine ausführliche Diskussion der verschiedenen Aspekte der Bildkompression, wie zum Beispiel Quantisierung, Entropie-Codierung, Randerweiterung und Filterkonstruktion. Man findet hier auch Vergleiche zwischen der Wavelet-Bildkompression und dem JPEG-Kompressionsalgorithmus.

Der Übersichtsartikel [13] von Donoho enthält eine ausführliche Beschreibung der Wavelet-Denoising-Algorithmen. Der Artikel enthält auch mehrere numerische Beispiele sowohl für synthetische Signale als auch für reale Signale.

11

Schnelle numerische lineare Algebra

In diesem Kapitel untersuchen wir die numerische Lösung linearer Gleichungen. Typischerweise sind ein linearer Operator T und eine Funktion f gegeben, und wir suchen die Lösung u der Gleichung

$$Tu = f.$$

Der lineare Operator T ist entweder ein Differentialoperator oder ein Integraloperator. Die Diskretisierung einer solchen Gleichung führt zu einem linearen Gleichungssystem mit einer großen Anzahl von Unbekannten. Die Diskretisierung beginnt normalerweise mit einer groben Skala oder einem Gitter, das sukzessiv verfeinert wird, was eine Folge von linearen Gleichungen liefert:

$$T_j u_j = f_j.$$

Hier ist T_j eine Matrix oder äquivalent ein Operator auf einem geeigneten endlichdimensionalen Raum. Für Differentialgleichungen ist diese Matrix schwachbesetzt und schlechtkonditioniert; für Integralgleichungen ist die Matrix vollständig und in Abhängigkeit vom Operator manchmal schlechtkonditioniert. Heute werden diese Gleichungen mit Hilfe verschiedener iterativer Methoden gelöst. Die effizientesten Methoden sind die Multilevel- oder Multigrid-Methoden. Diese sind ebenfalls ziemlich einfach und nutzen die Tatsache, daß eine Folge von Skalen oder Operatoren vorliegt. Vor kurzem hat man vorgeschlagen, Wavelets sowohl zur Lösung linearer als auch zur Lösung nichtlinearer Gleichungen zu verwenden. Wir beschreiben die sogenannte Nichtstandardform eines Operator in einer Wavelet-Basis und sehen uns die Beziehung zu den standardmäßigen Multilevel-Methoden an.

11.1 Modellprobleme

Wir beschränken uns auf elliptische Differential- und Integralgleichungen. Hierunter verstehen wir, daß die Diskretisierungsmatrizen symmetrisch und positiv definit sind.

Als Beispiel einer elliptischen Differentialgleichung betrachten wir die ein-dimensionale Laplace-Gleichung

(11.1)
$$-(a(x)u'(x))' = f(x), \quad 0 < x < 1,$$
$$u(0) = u(1) = 0,$$

wobei $0 < \underline{a} < a(x) < \overline{a}$.

Die folgende Integralgleichung ist ein einfacher Typ eines eindimensionalen Grenzschichtpotentials:

(11.2)
$$-\int_0^1 u(y) \log|x - y| \, dy = f(x), \quad 0 < x < 1.$$

Der Kern heißt *logarithmisches Potential* und wird im Allgemeinen auf einer Kurve in der Ebene definiert.

11.2 Diskretisierung

Wir betrachten die Galerkin-Methode zur Diskretisierung linearer Operator-gleichungen. Es gibt mehrere andere Diskretisierungsmethoden, zum Beispiel die Finite-Differenzen-Methode für Differentialgleichungen und die Kolloka-tionsmethode für Integralgleichungen. Diese lassen sich als Spezialfälle der Galerkin-Methode auffassen, wenn auch mit gewissen Auswahlen für Qua-drierungsformeln und Funktionenräume. Auf jeden Fall arbeiten die Wavelet-Methode und andere Multilevel-Methoden auf die gleiche Weise.

Wir nehmen nun an, daß der Operator eine Abbildung $TV \rightarrow V$ mit einem Hilbertraum V ist, zum Beispiel $L^2(\mathbb{R})$. Die Gleichung $Tu = f$ ist dann äquivalent zu dem Problem, ein $u \in V$ derart zu finden, daß

$$\langle Tu, v \rangle = \langle f, v \rangle \quad \text{für alle } v \in V.$$

Das wird als die Variationsformulierung der Operatorgleichung bezeichnet. Wir suchen nun eine Approximation u_j von u in einem endlichdimensiona-len Unterraum V_j von V. Die Galerkin-Methode ist ein endlichdimensionales Analogon der Variationsformulierung: Man finde $u_j \in V_j$ derart, daß

(11.3)
$$\langle Tu_j, v_j \rangle = \langle f, v_j \rangle \quad \text{für alle } v_j \in V_j.$$

Wir nehmen weiter an, daß $(\varphi_k)_{k=1}^N$ eine Basis von V_j ist, so daß wir

$$u_j = \sum_{k=1}^N a_k \varphi_k$$

für gewisse Zahlen a_k schreiben können. Setzen wir diesen Ausdruck in Glei-chung (11.3) ein und verwenden wir die Tatsache, daß $(\varphi_k)_{k=1}^N$ eine Basis von V_j ist, dann ist Gleichung (11.3) äquivalent zu

$$\sum_{k=1}^{N} a_k \langle T\varphi_k, \varphi_n \rangle = \langle f, \varphi_n \rangle \quad \text{für } n = 1, \ldots, N.$$

Aber das ist ein lineares Gleichungssystem, das wir in Matrizenschreibweise als

$$T_j u_j = f_j$$

schreiben können, wobei T_j eine $N \times N$ Matrix mit den Elementen

$$(T_j)_{n,k} = \langle T\varphi_k, \varphi_n \rangle$$

ist und u_j sowie f_j Vektoren mit den Komponenten a_n bzw. $\langle f, \varphi_n \rangle$ sind.

In diesem Kapitel verwenden wir – unter geringfügigem „Mißbrauch" der Schreibweise – ein und dasselbe Symbol T_j zur Bezeichnung einer Matrix und eines Operators auf V_j. Ähnlich bezeichnen wir mit u_j sowohl einen Vektor mit den Komponenten a_k als auch die entsprechende Funktion $u_j = \sum_{k=1}^{N} a_k \varphi_k$.

Beispiel 11.1. Für die Differentialgleichung (11.1) erhält man für die Elemente der Matrix T_j (durch partielle Integration)

$$(T_j)_{n,k} = \int_0^1 \varphi_k'(x)\varphi_n'(x)\,dx$$

und die Komponenten des auf der rechten Seite stehenden Vektors f_j sind gleich

$$(f_j)_n = \int_0^1 f(x)\varphi_n(x)\,dx.$$

Eine natürliche Wahl für den endlichdimensionalen Raum V_j ist hier der Raum der stückweise linearen und stetigen Funktionen auf einem Gitter mit $N_j = 2^j$ Knoten. Die Basisfunktionen, die diesen Raum aufspannen, sind die Hut-Funktionen mit Träger auf zwei Intervallen. Die Matrix T_j ist dann eine Tridiagonalmatrix und demnach handelt es sich um eine schwachbesetzte Matrix. Leider ist die Konditionszahl der Matrix proportional zu N_j^2.

Beispiel 11.2. Für die Integralgleichung (11.2) sind die Elemente der Matrix T_j durch

$$(T_j)_{n,k} = -\int_0^1 \int_0^1 \varphi_k(x)\varphi_n(x)\log|x-y|\,dx dy$$

gegeben und die Komponenten des auf der rechten Seite stehenden Vektors f_j sind durch

$$(f_j)_n = \int_0^1 f(x)\varphi_n(x)\,dx$$

gegeben. Es gibt mehrere natürliche Auswahlmöglichkeiten für die endlichdimensionalen Räume V_j dieser Gleichung und die einfachste besteht darin, für V_j den Raum der stückweise konstanten Funktionen auf einem Gitter mit

$N_j = 2^j$ Intervallen zu betrachten. Die Basisfunktionen, die diesen Raum aufspannen, sind die Box-Funktionen. Wegen des Faktors $\log|x-y|$ im Integranden ist die Matrix T_j in diesem Fall vollständig. Die Konditionszahl der Matrix ist ebenfalls groß (denn der stetige Operator T ist kompakt).

11.3 Die Nichtstandardform

Zuerst nehmen wir an, daß eine Matrix (oder ein Operator) T_J auf einem Feinskalen-Unterraum V_J einer Multi-Skalen-Analyse gegeben ist. Wir suchen die Lösung u_J des linearen Systems

$$T_J u_J = f_J.$$

Wir rufen uns in Erinnerung, daß dieses lineare System äquivalent zum Gleichungssystem

$$\sum_{k=1}^{N_J} u_{J,k}\langle T\varphi_{J,k}, \varphi_{J,n}\rangle = \langle f, \varphi_{J,n}\rangle \quad \text{für } n = 1, \ldots, N_J$$

ist, wobei $u_J = \sum_{k=1}^{N_J} u_{J,k}\varphi_{J,k}$. Aufgrund der Zerlegung $V_J = V_{J-1} \oplus W_{J-1}$ können wir u_J auch in der Form

$$u_J = \sum_{k=1}^{N_{J-1}} u_{J-1,k}\varphi_{J-1,k} + \sum_{k=1}^{N_{J-1}} w_{J-1,k}\psi_{J-1,k}$$

schreiben und das induziert die folgende Zerlegung

$$\sum_{k=1}^{N_{J-1}} u_{J-1,k}\langle T\varphi_{J-1,k}, \varphi_{J-1,n}\rangle + \sum_{k=1}^{N_{J-1}} w_{J-1,k}\langle T\psi_{J-1,k}, \varphi_{J-1,n}\rangle = \langle f, \varphi_{J-1,n}\rangle,$$

$$\sum_{k=1}^{N_{J-1}} u_{J-1,k}\langle T\varphi_{J-1,k}, \psi_{J-1,n}\rangle + \sum_{k=1}^{N_{J-1}} w_{J-1,k}\langle T\psi_{J-1,k}, \psi_{J-1,n}\rangle = \langle f, \psi_{J-1,n}\rangle$$

des linearen Systems für $n = 1, \ldots, N_{J-1}$. Diese Zerlegung folgt, weil die Skalierungsfunktionen $(\varphi_{J-1,k})_{k=1}^{N_{J-1}}$ eine Basis von V_{J-1} bilden und die Wavelets $(\psi_{J-1,k})_{k=1}^{N_{J-1}}$ eine Basis von W_{J-1} sind. Wir schreiben das Ganze als Block-Matrix-System auf:

$$(11.4) \qquad \begin{pmatrix} T_{J-1} & C_{J-1} \\ B_{J-1} & A_{J-1} \end{pmatrix} \begin{pmatrix} u_{J-1} \\ w_{J-1} \end{pmatrix} = \begin{pmatrix} f_{J-1} \\ d_{J-1} \end{pmatrix}.$$

Die Nichtstandardform eines Operators ergibt sich, wenn wir diese Zerlegung rekursiv auf T_{J-1} fortsetzen, bis wir einen Grobskalenoperator T_L mit $L < J$

erhalten. Die Matrizen oder Operatoren der Nichtstandardform sind demnach definiert als

$$A_j : W_j \to W_j, \qquad (A_j)_{n,k} = \langle T\psi_{j,k}, \psi_{j,n} \rangle,$$
$$B_j : V_j \to W_j, \qquad (B_j)_{n,k} = \langle T\varphi_{j,k}, \psi_{j,n} \rangle,$$
$$C_j : W_j \to V_j, \qquad (C_j)_{n,k} = \langle T\psi_{j,k}, \varphi_{j,n} \rangle,$$
$$T_j : V_j \to V_j, \qquad (T_j)_{n,k} = \langle T\varphi_{j,k}, \varphi_{j,n} \rangle.$$

Wir können deswegen den Operator T_J als den Grobskalenoperator T_L plus Folge der Tripel $\{A_j, B_j, C_j\}_{j=L}^{J-1}$ darstellen.

In einem Multi-Skalen-Kontext bezieht sich die Skala j auf den Unterraum W_j und die darin enthaltenen Funktionen. Wir halten fest, daß der Operator A_j die Interaktion auf der Skala j beschreibt, während die Operatoren B_j und C_j die Interaktion zwischen der Skala j und allen gröberen Skalen beschreibt. Außerdem ist der Operator T_j eine gemittelte Version des Operators T_{j+1}. Diese Operatoreigenschaften offenbaren eine bemerkenswerte Eigenschaft der Nichtstandardform: das Entkoppeln der Interaktion zwischen den verschiedenen Skalen.

Wichtig ist auch die Bemerkung, daß wir die Nichtstandardform nicht als einfache Block-Matrix darstellen können, das heißt, es handelt sich nicht um die Darstellung des Operators in einer beliebigen Basis. Die Nichtstandardform ist ihrer Natur nach rekursiv und beruht auf der Schachtelungseigenschaft $\cdots \subset V_0 \subset V_1 \subset \cdots$ der Unterräume einer Multi-Skalen-Analyse.

Es erweist sich jedoch als praktisch, die Nichtstandardform (einer Diskretisierungsmatrix) als Block-Matrix zu speichern, so wie es auf der linken Seite von Abb. 11.1 dargestellt ist. Diese Block-Matrix läßt sich auch als Resultat der zweidimensionalen diskreten Wavelet-Transformation der Diskretisierungsmatrix T_J auffassen. Vgl. Kapitel 8 über Wavelet-Basen in mehreren Dimensionen und Kapitel 10 zur Bildkompression.

Wir haben in diesem Abschnitt lediglich die algebraischen Eigenschaften der Nichtstandardform abgeleitet. Das bedeutet, daß sich das auch auf alle diejenigen Basen (mit Ausnahme der Wavelet-Basen) anwenden läßt, welche die Schachtelungseigenschaft besitzen, zum Beispiel auf hierarchische Basen.

11.4 Die Standardform

Die Standardform eines Operators ist nichts anderes, als die Darstellung oder Diskretisierung des Operators in einer Wavelet-Basis. Ist V_J ein Unterraum einer MSA, dann können wir diesen Raum folgendermaßen zerlegen:

$$V_J = V_L \oplus W_L \oplus \cdots \oplus W_{J-1}, \quad \text{wobei } L < J.$$

Wir wissen, daß für eine MSA die Skalierungsfunktionen $(\varphi_{j,k})_{k=1}^{N_j}$ die Räume V_j aufspannen, und daß die Wavelets $(\psi_{j,k})_{k=1}^{N_j}$ die Räume W_j aufspannen.

Durch einen Basiswechsel läßt sich die Gleichung $T_J u_J = f_J$ für V_J in der folgenden Form als Block-Matrizen-System schreiben:

$$\begin{pmatrix} T_L & C_{L,L} & \cdots & C_{L,J-1} \\ B_{L,L} & A_{L,L} & \cdots & A_{L,J-1} \\ \vdots & \vdots & \ddots & \vdots \\ B_{J-1,L} & A_{J-1,L} & \cdots & A_{J-1,J-1} \end{pmatrix} \begin{pmatrix} u_L^j \\ w_L^j \\ \vdots \\ w_{J-1}^j \end{pmatrix} = \begin{pmatrix} f_L \\ d_L \\ \vdots \\ d_{J-1} \end{pmatrix}.$$

Die Standardform nutzt die hierarchische Struktur einer Multi-Skalen-Analyse nicht vollständig. Deswegen werden wir die Standardform in diesem Kapitel nicht weiter betrachten.

11.5 Kompression

Bis jetzt haben wir nichts über die Struktur der Matrizen A_j, B_j und C_j gesagt. Wavelets haben verschwindende Momente und deswegen sind die betreffenden Matrizen schwachbesetzt. Genauer gesagt, zeigen sie für eindimensionale Probleme ein schnelles Abklingverhalten außerhalb der Hauptdiagonale. Sind die Matrizen T_j schlechtkonditioniert, dann sind die Matrizen A_j sogar gutkonditioniert. Das macht die Nichtstandardform zu einer geeigneten Darstellung für iterative Methoden.

Wir zeigen nun, daß Integraloperatoren in der Nichtstandardform schwachbesetzte Matrizen erzeugen. Hierzu beginnen wir mit einem Integraloperator mit Kern $K(x,y)$:

$$Tu(x) = \int K(x,y)u(y)\,dy.$$

Für den Moment nehmen wir an, daß der Kern $K(x,y)$ außerhalb der Diagonale $x = y$ glatt und auf dieser singulär ist. Typische Beispiel für derartige Kerne sind:

$$K(x,y) = -\log|x-y| \qquad \text{(logarithmisches Potential)},$$

$$K(x,y) = \frac{1}{x-y} \qquad \text{(Hilbert-Transformation)}.$$

Aus Gründen der Einfachheit verwenden wir die Haarsche Wavelet-Basis, die *ein* verschwindendes Moment hat, das heißt,

$$\int \psi_{j,k}(x)\,dx = 0.$$

Der Träger des Haar-Wavelets $\psi_{j,k}$ und der Skalierungsfunktion $\varphi_{j,k}$ ist das Intervall $I_{j,k} = \left[2^{-j}k, 2^{-j}(k+1)\right]$. Wir betrachten nun die Elemente der Matrix B_j (die Matrizen A_j und C_j werden ähnlich behandelt):

$$(B_j)_{n,k} = \int_{I_{j,k}} \int_{I_{j,n}} K(x,y)\psi_{j,n}(x)\varphi_{j,k}(y)\,dxdy.$$

Unter der Voraussetzung $|k-n| > 1$, so daß $K(x,y)$ auf dem Integrationsbereich glatt ist, können wir eine Taylorentwicklung von $K(x,y)$ um den Mittelpunkt $x_0 = 2^{-j}(k+1/2)$ des Intervalls $I_{j,k}$ durchführen:

$$K(x,y) = K(x_0,y) + (x-x_0)\partial_x K(\xi,y) \quad \text{für ein } \xi \in I_{j,k}.$$

Das Haar-Wavelet hat ein verschwindendes Moment und deswegen folgt

$$\int_{I_{j,n}} K(x,y)\psi_{j,n}(x)\,dx = \int_{I_{j,n}} \partial_x K(\xi,y)x\psi_{j,n}(x)\,dx$$

für ein $\xi \in I_{j,k}$. Daher hat man

$$\left| \int_{I_{j,n}} K(x,y)\psi_{j,n}(x)\,dx \right| \le C\,|I_{j,n}| \max_{x \in I_{j,n}} |\partial_x K(x,y)|,$$

wobei $C = \int x\psi_{j,n}(x)\,dx$ und $|I_{j,n}| = 2^{-j}$. Das liefert uns eine Abschätzung für die Größe der Elemente von B_j:

$$|(B_j)_{n,k}| \le C2^{-j} \int_{I_{j,k}} \max_{x \in I_{j,n}} |\partial_x K(x,y)|\,dy$$
$$\le C2^{-2j} \max_{x \in I_{j,n}, y \in I_{j,k}} |\partial_x K(x,y)|.$$

Um von hier aus weiterzumachen, müssen wir das Abklingverhalten des Kerns außerhalb der Diagonale kennen. Für das logarithmische Potential haben wir

$$|\partial_x K(x,y)| = |x-y|^{-1}$$

und hieraus folgt

$$|(B_j)_{n,k}| \le C2^{-j}(|k-n|-1)^{-1}.$$

Genau dieselbe Abschätzung gilt für die Elemente von C_j. Für die Matrix A_j können wir ebenfalls eine Taylorentwicklung des Kerns in der Variablen y durchführen, womit wir sogar ein schnelleres Abklingverhalten der Elemente außerhalb der Diagonale erzielen:

$$|(A_j)_{n,k}| \le C2^{-j}(|k-n|-1)^{-2}.$$

Für andere Integraloperatoren gelten ähnliche Abschätzungen in Bezug auf das Abklingverhalten außerhalb der Diagonale. Eine größere Anzahl der verschwindenden Momente des Wavelets führt ebenfalls zu einer Steigerung des Abklingverhaltens. Tatsächlich gibt es eine große Klasse von Integraloperatoren – die sogenannten Calderón-Zygmund-Operatoren –, für die man eine allgemeine Abschätzung beweisen kann. Der Calderón-Zygmund-Operator ist ein beschränkter Integraloperator auf $L^2(\mathbb{R})$, wobei der Kern die folgenden Abschätzungen erfüllt:

$$|K(x,y)| \leq C_0\,|x-y|^{-1}\,,$$
$$|\partial_x K + \partial_y K| \leq C_1\,|x-y|^{-N-1}\,.$$

Für einen solchen Operator kann man

$$|(A_j)_{n,k}| + |(B_j)_{n,k}| + |(C_j)_{n,k}| \leq C_N 2^{-j}(|k-n|+1)^{-N-1}$$

beweisen, falls das Wavelet N verschwindende Momente hat.

Beispiel 11.3. Auf der rechten Seite von Abb. 11.1 haben wir alle diejenigen Matrixelemente der Blöcke A_j, B_j und C_j markiert, die eine kleine Schwelle überschreiten. Wie man sieht, ergeben sich gute banddiagonale Approximationen dieser Matrizen. Die Matrix ist die Nichstandard-Darstellung des logarithmischen Potentials in der Haarschen Wavelet-Basis. □

Abb. 11.1. Die Nichstandardform des logarithmischen Potentials

11.6 Multilevel-Iterationsmethoden

Wir betrachten nun eine Methode der iterativen Lösung eines Gleichungssystems auf der Grundlage der Nichtstandardform. Die Methode ist einem Multigrid-V-Zyklus ziemlich ähnlich. Wir setzen an dieser Stelle voraus, daß der Leser mit den grundlegenden Iterationsmethoden vertraut ist, zum Beispiel mit den Verfahren von Jacobi und Gauß-Seidel. Darüber hinaus ist die Kenntnis der Multigrid-Methode erforderlich, um den Zusammenhang mit unserer wavelet-basierten Methode zu verstehen. Wir verweisen den Leser auf die Literaturstellen in den Bemerkungen am Kapitelende.

Wir beginnen mit einem Vergleich zwischen den Konditionszahlen der Matrizen T_j und A_j. In Tabelle 11.1 sind die Konditionszahlen für die Diskretisierung des logarithmischen Potentials in der Haar-Basis angegeben. Hier bezeichnet N die Anzahl der Basisfunktionen in V_j. Wir sehen, daß die Konditionszahl von T_j linear mit der Anzahl der Unbekannten N wächst. Andererseits bleibt die Konditionszahl von A_j für alle j beschränkt und liegt bei ungefähr 2. Das legt es nahe, daß wir mit den Matrizen A_j iterieren, das heißt, auf den Räumen W_j.

Tabelle 11.1. Konditionszahlen für das logarithmische Potential

j	N	$\kappa(T_j)$	$\kappa(A_j)$
5	32	57	1.94
6	64	115	1.97
7	128	230	1.98
8	256	460	1.99

Wir schreiben zunächst die Block-Matrix-Form (11.4) von $T_J u_J = f_J$ folgendermaßen:

$$A_{J-1} w_{J-1} = d_{J-1} - B_{J-1} u_{J-1},$$
$$T_{J-1} u_{J-1} = f_{J-1} - C_{J-1} w_{J-1}.$$

Inspiriert durch die Multigrid-Methode lösen wir zunächst die erste Gleichung für w_{J-1}, wobei wir approximativ einen einfachen Smoother verwenden. Das sollte gut funktionieren, den A_{J-1} ist gutkonditioniert. Als nächstes aktualisieren wir die rechte Seite der zweiten Gleichung und lösen sie für u_{J-1}. Da jetzt T_{J-1} immer noch schlechtkonditioniert ist, lösen wir diese Gleichung rekursiv, indem wir T_{J-1} in einem weiteren Schritt zerlegen. Wenn wir einen hinreichend grobskaligen Operator T_L erreicht haben, dann lösen wir die Gleichung für u_L exakt. Abschließend aktualisieren wir die rechte Seite der ersten Gleichung und wiederholen die obengenannten Schritte.

Auf dieser Grundlage formulieren wir den in Abb. 11.2 angegebenen Rekursionsalgorithmus. Die Anzahl K der Loops ist klein, typischerweise ist sie kleiner als 5. Die Funktion Iter($w_j^{(0)}$, d_j) löst $A_j w_j = d_j$ approximativ unter Verwendung eines einfachen Iterationsverfahrens mit dem Ausgangsvektor $w_j^{(0)}$.

11.7 Bemerkungen

Die Nichtstandardform eines Operator wurde von Beylkin, Coifman und Rokhlin definiert, vgl. [4] (*Fast Wavelet Transforms and Numerical Algo-*

function $u_j = \text{Solve}(u_j^{(0)}, f_j)$

if $j = L$
  Solve $T_j u_j = f_j$ using Gaussian elimination
else
  Project $u_j^{(0)}$ onto V_{j-1} and W_{j-1} to get $u_{j-1}^{(0)}$ and $w_{j-1}^{(0)}$
  Project f_j onto V_{j-1} and W_{j-1} to get f_{j-1} and d_{j-1}
  for $k = 1, \dots, K$
    $u_{j-1}^{(k)} = \text{Solve}(u_{j-1}^{(k-1)}, f_{j-1} - C_{j-1} w_{j-1}^{(k-1)})$
    $w_{j-1}^{(k)} = \text{Iter}(w_{j-1}^{(k-1)}, d_{j-1} - B_{j-1} u_{j-1}^{(k)})$
  end
  $u_j = u_{j-1}^{(K)} + w_{j-1}^{(K)}$
end

Abb. 11.2. Die Wavelet-Multigrid-Methode

rithms I). Man kann sie als eine Verallgemeinerung der Fast Multipole Method (FMM) zur Berechnung der Potential-Wechselwirkungen gemäß Greengard und Rokhlin auffassen (vgl. *A Fast Algorithm for Particle Simulations* [15]). Weitere Methoden zur Lösung von Gleichungen in der Nichtstandardform wurden hauptsächlich von Beylkin entwickelt (vgl. zum Beispiel *Wavelets and Fast Numerical Algorithms* [3]). Eine Einführung in Multigrid-Methoden und Iterationsverfahren findet man in dem Buch *A Multigrid Tutorial* [5] von Briggs.

Funktionalanalysis

Funktionalanalysis bedeutet in diesem Kapitel die Untersuchung der globalen Differenzierbarkeit von Funktionen, ausgedrückt durch ihre Ableitungen, die etwa als quadratisch integrierbar (oder als Elemente gewisser Banachräume) vorausgesetzt werden. Die entsprechenden Wavelet-Beschreibungen erfolgen durch orthogonale MSA-Wavelets (Kapitel 4).

Wavelet-Darstellungen eignen sich auch gut zur Beschreibung lokaler Differenzierbarkeitseigenschaften von Funktionen. Jedoch werden wir diesbezüglich lediglich Hinweise in den Anmerkungen am Kapitelende geben.

12.1 Differenzierbarkeit und Wavelet-Darstellung

Die Differenzierbarkeitseigenschaften einer Funktion lassen sich durch das Verhalten ihrer Fourier-Transformierten für große Werte der Frequenzvariablen ausdrücken. Analog lassen sich diese Eigenschaften durch das Verhalten der Wavelet-Koeffizienten in kleinen Skalen ausdrücken.

Um die Einführung zusätzlicher mathematischer Techniken (Paley-Littlewood-Zerlegungen von L^p) zu vermeiden, betrachten wir hauptsächlich L^2, das heißt, $p = 2$. Die Norm in L^p wird definiert durch

$$\|f\|_p := \left(\int_{-\infty}^{\infty} |f(t)|^p \, dt \right)^{1/p}.$$

Darüber hinaus betrachten wir nur orthogonale Wavelets, die zu einer MSA gehören und außerhalb eines beschränkten Intervalls verschwinden.

Wir rufen uns in Erinnerung, daß man für eine 2π-periodische Funktion $f \in L^2(0, 2\pi)$ mit $f^{(\alpha)} \in L^2(0, 2\pi)$ zeigen kann, daß für die Fourier-Koeffizienten c_n folgendes gilt (Parseval):

$$(12.1) \qquad \frac{1}{2\pi} \|f^{(\alpha)}\|_2^2 = \sum_{n \neq 0} |n^\alpha c_n|^2.$$

Wir kommen nun zum Hauptergebnis dieses Kapitels. Der folgende Satz hat eine Verallgemeinerung auf $L^p, 1 < p < \infty$, die wir unten zitieren. Jedoch ist das entscheidende Lemma im Wesentlichen dasselbe wie für $p = 2$.

Satz 12.1. *Unter den gleichen Voraussetzungen für die jetzt auf $\mathbb{R}$ definierte Funktion f, das heißt $f \in L^2(\mathbb{R})$ mit $f^{(\alpha)} \in L^2(\mathbb{R})$, zeigen wir, daß für die Wavelet-Koeffizienten $w_{j,k}$ $(D^N \psi \in L^2)$ die Beziehung*

$$\|f^{(\alpha)}\|_2^2 \sim \sum_{j,k} |2^{\alpha j} w_{j,k}|^2 \quad (0 \le \alpha \le N)$$

gilt, falls $\int x^\alpha \psi(x) dx = 0$ für $0 \le \alpha \le N$. Hier bedeutet $\sim$, daß der Quotient der beiden Ausdrücke von unten und von oben durch positive Konstanten beschränkt ist, die nur vom Wavelet ψ abhängen. □

Der Beweis beruht auf einem Lemma, das mit den sogenannten Sätzen von Bernstein und Jackson zusammenhängt. Der Satz von Bernstein drückt das Verhalten der Ableitungen einer Funktion durch die Funktion und ihren Spektralgehalt aus. Der Satz von Jackson beschreibt die Spektralapproximierbarkeit einer Funktion durch ihre Differenzierbarkeit.

Lemma:

Für $f(x) = \sum_k w_{0,k} \psi(x - k), (D^\alpha f \in L^2), (0 \le \alpha \le N)$, gilt

$$\|D^\alpha f\|_2^2 \sim \|f\|_2^2$$

Beweis des Satzes:

Man wende das Lemma mit $g(x) = f(2^{-j}x)$ an, um $\|D^\alpha f\|_2^2 \sim 2^{2j\alpha} \sum_k |w_{0,k}|^2$ zu erhalten, falls $f(x) = \sum_k w_{0,k} 2^{j/2} \psi(2^j x - k)$. Damit ist der Satz bewiesen. (Im Allgemeinen bleibt nur eine Summation über den Dilatationsindex j und die entsprechenden Unterräume sind orthogonal.) □

Beweis des Lemmas:

Man beginne mit $D^\alpha f(x) = \sum_k w_{0,k} D^\alpha \psi(x-k)$ und beachte, daß $|D^\alpha f(x)|^2 \le \sum_k |w_{0,k}|^2 |D^\alpha \psi(x-k)| \sum_k |D^\alpha \psi(x-k)|$ aufgrund der Cauchy-Schwarzschen Ungleichung gilt. Integration liefert

$$\|D^\alpha f\|_2^2 \le \sup_x \sum_k |D^\alpha \psi(x-k)| \sum_k |w_{0,k}|^2 \int |D^\alpha \psi(x-k)| dx \le C \sum_k |w_{0,k}|^2.$$

Der Beweis der verbleibenden Ungleichung beruht auf der Existenz einer Funktion $\Psi(x)$, die außerhalb eines beschränkten Intervalls verschwindet, so daß $D^\alpha \Psi = \psi$ mit festem $\alpha \le N$. Unter dieser Voraussetzung haben wir (Integralformel)

$$f(x) = \sum_k w_{0,k} \psi(x-k) = \sum_k \int f(y)\psi(y-k)\,dy\,\psi(x-k)$$

$$= (-1)^\alpha \sum_k \int D^\alpha f(y) \Psi(y-k)\,dy\,\psi(x-k)$$

und

$$\|f\|_2^2 = \int\int |\sum_k D^\alpha f(y)\Psi(y-k)\psi(x-k)|^2 dx dy \le$$

$$\le C\|D^\alpha f\|_2^2.$$

Es bleibt zu zeigen, daß Ψ existiert. Wir müssen das nur für $N=1$ beweisen und können dann Induktion verwenden. Man setzte $\Psi(x) = \int_{-\infty}^x \psi(t)dt = -\int_x^\infty \psi(t)dt$. Dann verschwindet Ψ offensichtlich außerhalb eines beschränkten Intervalls: $\Psi' = \psi$. Abschließend erhält man $\int \Psi(x)dx = -\int x\Psi'(x)dx = -\int x\psi(x)dx = 0$ durch partielle Integration, womit sich nun ein Induktionsschluß anwenden läßt. $\square$

Das allgemeine Resultat mit dem gleichen Wavelet ψ ist ($1 < p < \infty$, $D^\alpha f \in L^p$, $0 \le \alpha \le N$):

$$\|D_f^\alpha\|_p \sim \|(\sum_k |2^{j\alpha} w_{j,k}\, 2^{j/2}\chi_{[0,1]}(2^j \cdot -k)|^2)^{1/2}\|_p,$$

wobei $w_{j,k} = \langle f, \psi_{j,k}\rangle$. Das hängt mit der klassischen Paley-Littlewood-Zerlegung

$$\|f\|_p \sim \|(\sum_j |\mu_j * f|^2)^{1/2}\|_p$$

($f \in L^p$, $1 < p < \infty$) zusammen, wo zum Beispiel $\hat{\mu}_j(\omega) = \hat{\mu}(2^{-j}\omega) \ge 0$ gilt, $\hat{\mu}$ unendlich oft differenzierbar ist und außerhalb der Menge $\{\omega; \pi/2 \le |\omega| \le 2\pi\}$ verschwindet sowie $\sum_j \hat{\mu}(2^{-j}\omega) = 1$ für $\omega \neq 0$ gilt.

Es gibt auch Ergebnisse, die zeigen, daß gewisse Wavelet-Basen *unbedingt* in $L^p(\,1 < p < \infty)$ sind, das heißt, im Hardy-Raum H^1, der L^1 ersetzt; ebenso sind diese Wavelet-Basen im Raum BMO (Raum der Funktionen mit beschränkter mittlerer Oszillation)[1], der L^∞ ersetzt, unbedingt.

Der Fall L^2 wird im vorliegenden Kapitel behandelt: die Parseval-Relation zeigt, daß die Wavelet-Basen dann unbedingt sind, denn die Wavelet-Koeffizienten gehen nur mit ihrem absoluten Wert ein. Das bedeutet, daß die (L^2-) Konvergenz der Wavelet-Entwicklung in dem Sinne unbedingt ist, daß sie zum Beispiel nicht von der Reihenfolge der Summation oder von den Vorzeichen der Koeffizienten abhängt. Das steht beispielsweise im Gegensatz zur Basis $e^{in\omega t}{}_n$ für $L^p(0, 2\pi)$, $p \neq 2$, die nicht unbedingt ist.

---

[1] BMO = bounded mean oscillation.

Übungsaufgaben zu Abschnitt 12.1

Übungsaufgabe 12.1. Formulieren und beweisen Sie in $\mathbb{R}$ das Analogon der Identität 12.1.

Übungsaufgabe 12.2. Beweisen Sie, daß für $f(x) = \sum_k w_{0,k}\psi(x-k)$ mit ψ wie in Satz 12.1 die Beziehung

$$\|D^\alpha f\|_p \sim \|f\|_p \quad (0 \le \alpha \le N)$$

gilt. Führen Sie den Beweis mit Hilfe der Hölderschen Ungleichung

$$\left| \int_{-\infty}^{\infty} f(t)\overline{g(t)}\,dt \right| \le \|f\|_p \|g\|_q \quad (1/p + 1/q = 1, \ 1 \le p \le \infty),$$

wobei die Cauchy-Schwarzsche Ungleichung für $p = 2$ angewendet wurde und $w_{0,k}$ ausgeschrieben wird.

Übungsaufgabe 12.3. Setzen Sie das Lemma von Bernstein-Jackson zur folgenden Approximationsaussage in Abschnitt 4.7 von Kapitel 4 in Beziehung:

$$\|f - f_j\|_2 \le C\,2^{-j\alpha}\,\|D^\alpha f\|_2\,,$$

wobei f_j die Projektion auf V_j bezeichnet, das heißt, die von den Funktionen $\{\varphi_{j,k}\}_k$ aufgespannte lineare Hülle.

12.2 Bemerkungen

Weiteres Material findet man in den Büchern von Meyer [23], Kahane & Lemarié [21] und Hernández & Weiss [16]. Wavelets und lokale Regularität werden in einer von Andersson [2] geschriebenen Dissertation behandelt, die auch viele Literaturhinweise enthält.

13

Ein Analysewerkzeug

Wir geben zwei Beispiele dafür, wie die kontinuierliche Wavelet-Transformation aus Kapitel 7 in der Signalverarbeitung verwendet werden kann und geben auch einen algorithmischen Shortcut für den Fall an, daß das Wavelet mit einer Multi-Skalen-Analyse zusammenhängt (vgl. Kapitel 4).

13.1 Zwei Beispiele

Wir erinnern uns an die Definition der kontinuierlichen Wavelet-Transformation

$$W_\psi f(a,b) = \int_{-\infty}^{\infty} f(t)\psi\left(\frac{t-b}{a}\right)|a|^{-1/2}\, dt,$$

wobei $f \in L^1$, $\psi \in L^1 \cap L^2$, $a \neq 0$ und ψ aus Gründen der Einfachheit eine reellwertige Funktion ist, die folgende Bedingung erfüllt:

$$\int_0^{\infty} |\hat{\psi}(\xi)|^2\, d\xi/\xi \; < \; \infty.$$

Beispiel 13.1. In diesem Beispiel geben wir die kontinuierliche Wavelet-Transformation Chirp an. Das *komplexe* Morlet-Wavelet ist in Abb. 13.1 zu sehen:

$$\psi(t) = e^{i\omega_0 t}e^{-t^2/2}$$
$$\hat{\psi}(\omega) = (2\pi)^{1/2}e^{-(\omega-\omega_0)^2/2},$$

wobei jetzt nur $\hat{\psi}(0) \approx 0$ und $\omega_0 = 5,336$. Diese Wahl von ω_0 läßt den Realteil Reψ von ψ seinen ersten Maximalwert außerhalb des Ursprungs annehmen, wobei die Größe dieses Maximalwerts die Hälfte des absoluten Betrages ist. Um $\hat{\psi}(0) = 0$ zu machen, kann eine kleine Korrektur erforderlich sein, zum Beispiel $-(2\pi)^{1/2}\exp(-\omega^2/2 - \omega_0^2/2)$.)

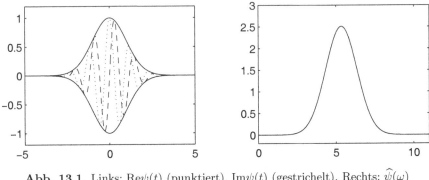

Abb. 13.1. Links: Re$\psi(t)$ (punktiert), Im$\psi(t)$ (gestrichelt). Rechts: $\widehat{\psi}(\omega)$

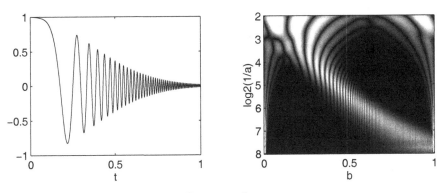

Abb. 13.2. Links: $\cos(300t^3)\exp(-4t^2)$. Rechts: Die Transformation

Als Chirp wird die Funktion $\cos(300t^3)\exp(-4t^2)$ gewählt. Diese ist zusammen mit ihrer Transformation[1] zu sehen.

Beispiel 13.2. In den Abbildungen 13.3, 13.4 und 13.5[2] sieht man die kontinuierliche Wavelet-Transformation dreier verschiedener Signale, die Messungen im Geschwindigkeitsfeld einer Flüssigkeit darstellen. Das Wavelet ist ein *komplexes* Morlet-Wavelet, das in Abb. 13.1 zu sehen ist. Die Abbildungen sind in Bezug auf ihre Legenden um eine Vierteldrehung in Uhrzeigerrichtung zu betrachten. Zwecks leichterer Referenz sind die Signale oben (*sic!*) zu sehen.

---

[1] Die Transformation wurde mit Hilfe von MATLAB unter Verwendung des Morlet-Wavelets (Abb. 13.2) von WAVELAB berechnet.

[2] Diese drei Abbildungen wurden von C.-F. Stein mit Hilfe eines Programms erzeugt, das M. Holschneider geschrieben und zur Verfügung gestellt hat.

Auf der horizontalen Achse befindet sich der Parameter b und auf der vertikalen Achse der Parameter a. Diese Parameter können als Zeit bzw. Frequenz aufgefaßt werden (aber gewiß nicht im exakten Sinne).

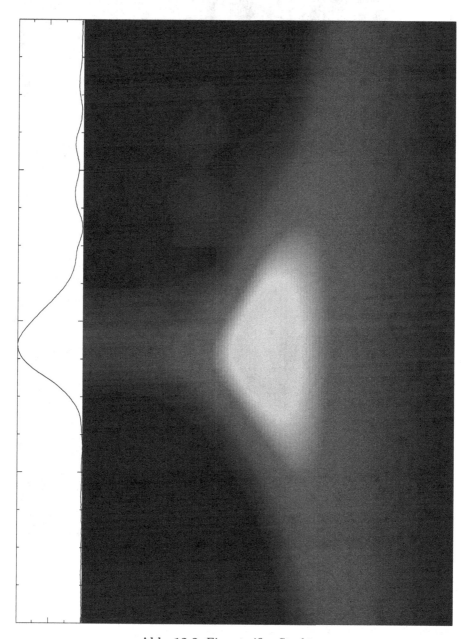

Abb. 13.3. Eine streifige Struktur

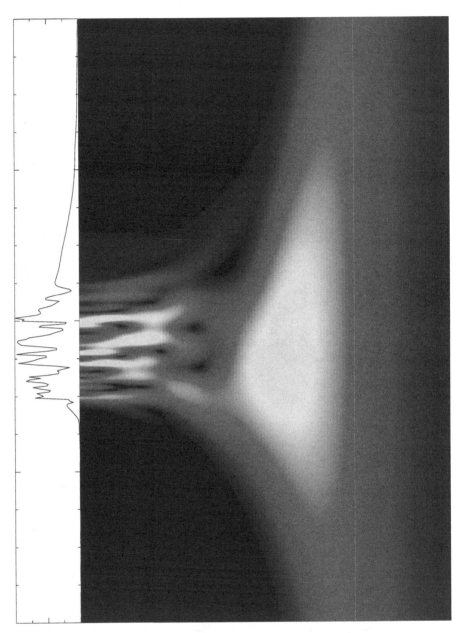

Abb. 13.4. Ein turbulenter Fleck

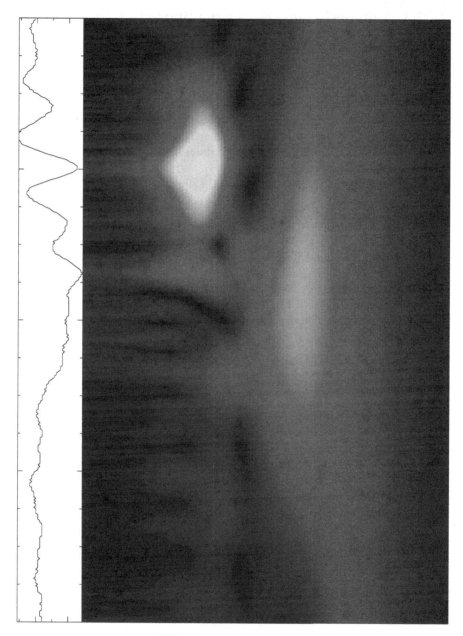

Abb. 13.5. Ein Wellenpaket

13.2 Ein numerischer „Sometime Shortcut"

Wird die kontinuierliche Wavelet-Transformation

$$W_\psi f(a,b) = \int_{-\infty}^{\infty} f(t)\psi\left(\frac{t-b}{a}\right)|a|^{-1/2}\,dt$$

numerisch implementiert, dann spielt dabei üblicherweise der FFT-Algorithmus (Fast Fourier Transform Algorithm) eine Rolle. Hängt jedoch das Wavelet ψ mit einer MSA zusammen (Kapitel 4), dann besteht die Möglichkeit, diese Struktur folgendermaßen zu nutzen.

Man beachte, daß für $a = 2^{-j}$, $b = 2^{-j}k$ die Beziehung

$$w_{j,k} := W_\psi f(2^{-j}, 2^{-j}k) = \int_{-\infty}^{\infty} f(t)2^{j/2}\psi(2^j t - k)\,dt$$

gilt, daß heißt, es handelt sich um die in Kapitel 4 definierten Wavelet-Koeffizienten.

Beginnt man also mit einer Berechnung der Projektion auf der feinsten interessierenden Skala, etwa mit dem Raum V_0 der MSA, dann können wir so verfahren, wie mit dem diskreten Wavelet-Algorithmus in Kapitel 4. Diese Projektion ist dann

$$s_{0,k} := \int_{-\infty}^{\infty} f(t)\phi(t-k)\,dt.$$

13.3 Bemerkungen

Eine neue Anwendung der kontinuierlichen Wavelet-Transformation auf die Datenanalyse der Polarbewegung, das Chandler Wobble, findet man Gibert et al. [14].

Zum weiteren Studium empfehlen wir die Bücher von Holschneider [18] und Kahane & Lemarié [21].

14

Feature-Extraktion

Bei den meisten Problemen der Signal- und Bildklassifikation ist die Dimension des Eingabesignals sehr groß. Beispielsweise hat ein typisches Segment eines Audiosignals einige Tausend Samples und die übliche Bildgröße von 512×512 Pixel. Das macht es praktisch unmöglich, einen traditionellen Klassifikator, wie zum Beispiel die lineare Diskriminantenanalyse (Linear Discriminant Analysis, LDA) direkt auf das Eingabesignal anzuwenden. Deswegen zerlegt man einen Klassifikator gewöhnlich in zwei Bestandteile. Zuerst bildet man das Eingabesignal in einen niedrigerdimensionalen Raum ab, der die meisten relevanten Features der verschiedenen Klassen möglicher Eingabesignale enthält. Danach werden diese Features in einen traditionellen Klassifikator – zum Beispiel in eine LDA – oder ein künstliches neuronales Netz (Artificial Neural Net, ANN) eingespeist. Die meiste Literatur zur Klassifikation konzentriert sich auf die Eigenschaften des zweiten Schrittes. Wir geben eine ziemlich neue wavelet-basierte Technik für den ersten Schritt an, den sogenannten Feature-Extraktor. Diese Technik erweitert das Eingabesignal zu einem großen Zeit-Frequenz-Wörterbuch, das zum Beispiel aus Wavelet-Paketen und lokalen trigonometrischen Basen besteht. Danach ermittelt diese Technik mit Hilfe des Best-Basis-Algorithmus diejenige Basis, welche die verschiedenen Klassen von Eingabesignalen am besten unterscheidet. Wir bezeichnen diese Basen als lokale Diskrimimantenbasen.

14.1 Der Klassifikator

Wir beginnen mit einigen Bemerkungen zur Notation. Es sei $\mathcal{X}$ die Menge alle Eingabesignale und $\mathcal{Y}$ die entsprechende Menge der Klassenlabel. Zur weiteren Vereinfachung der Dinge nehmen wir an, daß wir nur zwei Klassen haben: $\mathcal{Y} = \{1, 2\}$. Für den Eingabesignalraum haben wir $\mathcal{X} \subset \mathbb{R}^n$ und die Zahl n hat – wie wir bereits bemerkt hatten – typischerweise eine Größenordnung von 10^3-10^6. Eine Funktion $d : \mathcal{X} \to \mathcal{Y}$, die jedem Eingabesignal

$x \in \mathcal{X}$ ein Klassenlabel zuordnet, wird als Klassifikator bezeichnet. Wir setzen desweiteren voraus, daß wir Zugang zu einer Trainingsmenge haben, die aus N Paaren von Eingabesignalen und den entsprechenden Klassenlabel besteht: $\{(x_1, y_1), \ldots, (x_N, y_N)\}$. Es sei $N = N_1 + N_2$, wobei N_1 und N_2 die Anzahl der Signale der Klasse 1 bzw. der Klasse 2 bezeichnet. Wir verwenden die Schreibweise $x_i^{(y)}$ zur Bezeichnung des Sachverhaltes, daß ein Signal der Trainingsmenge zur Klasse y gehört. Es sei $P(A, y)$ eine Wahrscheinlichkeitsverteilung auf $\mathcal{X} \times \mathcal{Y}$, wobei $A \subset \mathcal{X}$ und $y \in \mathcal{Y}$. Das bedeutet, daß

$$P(A, y) = P(X \in A, Y = y) = \pi_y P(X \in A | Y = y),$$

wobei $X \in \mathcal{X}$ und $Y \in \mathcal{Y}$ Zufallsvariable sind. Hier ist π_y die Apriori-Wahrscheinlichkeit der Klasse y. Diese Wahrscheinlichkeit wird üblicherweise als $\pi_y = N_y/N$, $y = 1, 2$ geschätzt. Der optimale Klassifikator für dieses Setup ist der Bayes-Klassifikator. Um diesen zu erhalten, benötigen wir eine Abschätzung von $P(A, y)$. Die Anzahl der Trainings-Samples ist jedoch klein im Vergleich zur Größe der Eingabesignale, das heißt, $N \ll n$. Das macht es unmöglich, $P(A, y)$ in der Praxis zuverlässig abzuschätzen.

Feature-Extraktion löst das Problems einer großen Dimensionalität des Eingabesignalraumes. Es ist wichtig, die relevanten Features des Signals zu Klassifikationszwecken zu extrahieren. In der Praxis ist bekannt, daß multivariate Daten in $\mathbb{R}^n$ fast niemals n-dimensional sind. Vielmehr zeigen die Daten eine intrinsische Struktur, die eine niedrigere Dimension hat. Deswegen verwendet man oft die folgende Methode, um den Klassifikator in zwei Funktionen aufzuteilen:

$$d = g \circ f.$$

Hier ist $f : \mathcal{X} \to \mathcal{F}$ ein Feature-Extraktor, der den Eingabesignalraum in einen Feature-Raum $\mathcal{F} \subset \mathbb{R}^m$ von niedrigerer Dimension abbildet. Die Dimension m des Feature-Raumes ist typischerweise mindestens zehnmal niedriger als die Dimension n des Eingabesignalraumes. Nach dem Feature-Extraktor folgt ein traditioneller Klassifikator $g : \mathcal{F} \to \mathcal{Y}$, der gut funktionieren sollte, falls die verschiedenen Signalklassen im Feature-Raum wohlsepariert sind. Wir beschreiben ein automatisches Verfahren zur Konstruktion des Feature-Extraktor bei gegebenen Trainingsdaten.

14.2 Lokale Diskriminantenbasen

Es sei $\mathcal{D}$ ein Zeit-Frequenz-Wörterbuch, das aus einer Familie von Basisvektoren $\{\psi_j\}_{j=1}^M$ besteht. Besteht dieses Wörterbuch zum Beispiel aus allen Basisvektoren einer gegebenen Wavelet-Paket-Basis, dann ist $M = n(1 + \log_2 n)$. Das Wörterbuch enthält mit seinen Basisvektoren eine riesige Anzahl ($> 2^n$) orthonormaler Basen von $\mathbb{R}^n$ (vgl. Kapitel 9). Ein Wavelet-Paket-Wörterbuch sollte sich gut für Signalklassifikationszwecke eignen, da die Diskriminantenfeatures wahrscheinlich im Zeit-Frequenz-Bereich separiert sind, aber nicht notwendigerweise im Zeitbereich (oder im Raumbereich). Bei einem gegebenen Signal und einer gegebenen Kostenfunktion können wir das Signal mit Hilfe des Best-Basis-Algorithmus zu einer optimalen Basis erweitern. Für Anwendungen in der Signal- und Bildkompression könnte die Kostenfunktion die Entropie der Entwicklungskoeffizienten einer gegebenen Basis sein. Unser Ziel besteht darin, unterschiedliche Klassen von Eingabesignalen zu separieren und wir werden weitere Kostenfunktionen verwenden, um zwischen den charakteristischen Eigenschaften der verschiedenen Klassen zu unterscheiden. Zu Klassifikationszwecken bevorzugen wir die Verwendung des Begriffes Diskriminantenfunktion anstelle von Kostenfunktion und das Wörterbuch der Basen wird als LDB-Wörterbuch[1] bezeichnet.

Bevor wir diskutieren, wie man die Kostenfunktion zur Unterscheidung zwischen verschiedenen Basen wählt, wollen wir annehmen, daß wir die beste Basis bereits berechnet haben. Wir bilden dann eine orthonormale $n \times n$ Matrix

$$\mathcal{W} = (\psi_1 \ldots \psi_n),$$

wobei $\psi_1, \ldots, \psi_n$ die Basisvektoren der besten Basis sind. Wendet man die Transponierte dieser Matrix auf ein Eingabesignal x an, dann liefert das die Signalkoordinaten in der besten Basis (wir betrachten x und die ψ_i's als Spaltenvektoren in $\mathbb{R}^n$)

$$\mathcal{W}^{\mathrm{T}} x = \begin{pmatrix} \psi_1{}^{\mathrm{T}} x \\ \vdots \\ \psi_n{}^{\mathrm{T}} x \end{pmatrix} = \begin{pmatrix} \langle x, \psi_1 \rangle \\ \vdots \\ \langle x, \psi_n \rangle \end{pmatrix}.$$

Der LDB-Klassifikator wird definiert als

$$d = g \circ (P_m \mathcal{W}^{\mathrm{T}}),$$

wobei die $m \times n$ Matrix P_m ein Feature-Selektor ist, der die wichtigsten m ($< n$) Features (Koordinaten) in der besten Basis auswählt.

14.3 Diskriminantenmaße

Das LDB-Wörterbuch $\mathcal{D}$ läßt sich auch als die Menge aller möglichen orthonormalen Basen darstellen, die mit Hilfe der Basisfunktionen $\{\psi_j\}_{j=1}^{M}$ konstruiert werden können. Es bezeichne B eine solche Basis und es sei $\Delta(B)$ eine Diskriminantenfunktion, welche die Fähigkeit der Basis B mißt, die verschiedenen Klassen von Eingabesignalen zu separieren. Als optimale Basis W wird dann diejenige Basis gewählt, welche die Diskriminantenfunktion

$$W = \underset{B \in \mathcal{D}}{\mathrm{argmax}} \ \Delta(B)$$

---

[1] LDB = local discriminant bases.

maximiert. Um Δ zu definieren, beginnen wir mit der Definition eines Diskriminantenmaßes für jeden Basis-Einheitsvektor $\psi_i \in \mathcal{D}$. Es bezeichne $X \in \mathcal{X}$ einen zufälligen Sample-Wert des Eingabesignalraumes und es sei

$$Z_i = \langle X, \psi_i \rangle.$$

Dann ist Z_i ebenfalls eine Zufallsvariable und wir schreiben mitunter $Z_i^{(y)}$, um hervorzuheben, daß die Zufallsvariable X in der Klasse y liegt. Wir sind nun an der Wahrscheinlichkeitsdichtefunktion (WDF) von Z_i für jede Klasse y interessiert und wir bezeichnen diese Funktion mit $q_i^{(y)}(z)$. Wir können diese Wahrscheinlichkeitsdichtefunktionen schätzen, indem wir die verfügbaren Signale der Trainingsmenge zu den Basisfunktionen des Wörterbuchs erweitern. Eine Schätzung $\widehat{q}_i^{(y)}$ für $q_i^{(y)}$ läßt sich dann durch ein WDF-Schätzverfahren berechnen, die u.a. als ASH-Technik[2] bezeichnet wird.

Haben wir die Wahrscheinlichkeitsdichtefunktionen $\widehat{q}_i^{(1)}$ und $\widehat{q}_i^{(2)}$ für die Klassen 1 und 2 geschätzt, dann benötigen wir noch eine Abstandsfunktion $\delta(\widehat{q}_i^{(1)}, \widehat{q}_i^{(2)})$, welche die Fähigkeit der Richtung ψ_i mißt, die beiden Klassen zu separieren. Sind die beiden Wahrscheinlichkeitsdichtefunktionen ähnlich, dann sollte δ nahe bei Null liegen. Die beste Richtung ist diejenige, bei der die beiden Wahrscheinlichkeitsdichtefunktionen in Bezug aufeinander möglichst unterschiedlich aussehen. Bei dieser Richtung sollte δ einen maximalen positiven Wert erreichen. Es gibt verschiedene Möglichkeiten, die Diskrepanz zwischen zwei Wahrscheinlichkeitsdichtefunktionen zu messen. Wir nennen hier die folgenden Möglichkeiten:

$$\delta(p,q) = \int (\sqrt{p(z)} - \sqrt{q(z)})^2 \, dz \qquad \text{(Hellinger-Abstand)}$$

$$\delta(p,q) = \left(\int (p(z) - q(z))^2 \, dz \right)^{1/2} \qquad (\ell^2\text{-Abstand})$$

Die Wahl der Abstandsfunktion hängt natürlich vom jeweiligen Problem ab.

Wenn wir nun wissen, wie man eine Diskriminantenfunktion für einen einzigen Basisvektor konstruiert, dann müssen wir eine solche Funktion für eine vollständige Basis $B \in \mathcal{D}$ konstruieren. Es sei $B = (\psi_1 \ldots \psi_n)$ vorausgesetzt und man definiere die Diskriminantenwerte δ_i für die Richtung ψ_i als

$$\delta_i = \delta(\widehat{q}_i^{(1)}, \widehat{q}_i^{(2)}).$$

Ferner sei $\{\delta_{(i)}\}$ die absteigende Anordnung von $\{\delta_i\}$, daß heißt, die in abnehmender Ordnung sortierten Diskriminantenwerte. Die Diskriminantenfunktion der Basis B wird nun als die Summe der k $(< n)$ größten Diskriminantenwerte definiert:

$$\Delta(B) = \sum_{i=1}^{k} \delta_{(i)}.$$

---

[2] ASH = averaged shifted histogram.

Eine Möglichkeit könnte darin bestehen, $k = m$ zu setzen, das heißt, gleich der Dimension des Feature-Raumes. Das ist jedoch nicht notwendig und die Wahl von k bedarf einer weiteren Untersuchung.

14.4 Der LDB-Algorithmus

Wir schließen die obige Diskussion mit der Formulierung des nachstehenden Algorithmus.

Algorithmus. (LDB-Algorithmus)

1. Erweitere alle Signale der Trainingsmenge zum Zeit-Frequenz-Wörterbuch $\mathcal{D}$.
2. Schätze die projizierten Wahrscheinlichkeitsdichtefunktionen $\widehat{q}_i^{(y)}$ für jeden Basisvektor ψ_i und jede Klasse y.
3. Berechne den Diskriminantenwert δ_i eines jeden Basisvektors ψ_i des Wörterbuches.
4. Wähle die beste Basis als $W = \underset{B \in \mathcal{D}}{\operatorname{argmax}} \, \Delta(B)$, wobei $\Delta(B) = \sum_{i=1}^{k} \delta_{(i)}$ die Summe der k größten Diskriminantengrößen der Basis B ist.
5. Definiere die Matrix P_m so, daß sie die m größten Diskriminantenwerte auswählt.
6. Konstruiere den Klassifikator g auf den m Features auf der Grundlage des vorhergehenden Schrittes.

Alle diese Schritte benötigen nicht mehr als $\mathcal{O}(n \log n)$ Operationen (vgl. Kapitel 9), wodurch dieser Algorithmus rechnerisch effizient wird.

14.5 Bemerkungen

Lineare Diskriminantenbasen zu Klassifikationszwecken wurden von Saito und Coifman in der Arbeit *Local discriminant bases* [25] eingeführt. Dieselben Autoren beschrieben später in [26] Verbesserungen der LDB-Methode. Sie haben erfolgreiche Experimente zur geophysikalischen akustischen Wellenform-Klassifikation, zur Radarssignal-Klassifikation sowie zur Klassifikation „neuronaler Firing-Pattern" bei Affen durchgeführt.

15

Implementierungsfragen

In diesem Kapitel geht es um zwei Fragen, die mit der eigentlichen Implementierung der diskreten Wavelet-Transformation zusammenhängen. Die erste Frage bezieht sich auf Signale endlicher Länge und darauf, wie diese zu erweitern oder auf andere Weise zu behandeln sind. Bei der zweiten Frage geht es darum, wie die Sample-Werte einer zeitstetigen Funktion zu verarbeiten sind, bevor die diskrete Wavelet-Transformation in einer Filterbank implementiert wird. (Die diskrete Wavelet-Transformation wurde in Kapitel 4 definiert.)

15.1 Signale endlicher Länge

Bei Anwendungen haben wir es immer mit Signalen endlicher Länge zu tun. Bis jetzt hatten wir vorausgesetzt, daß sich die Signale unbestimmt erweitern lassen. Wir beginnen nun mit einem Signal L endlicher Länge mit Sample-Werten $x_0, x_1, \ldots, x_{L-1}$. Eine richtige Handhabung der Signale endlicher Länge ist in Bildverarbeitungsanwendungen besonders wichtig, bei denen eine ungenügende Bearbeitung der Ränder zum Beispiel in einem komprimierten Bild deutlich erkennbar ist. Wir beschreiben, wie man eine endliche Länge in einer Dimension behandeln kann, und für Bilder machen wir einfach dasselbe, indem wir gleichzeitig eine Spalte oder eine Zeile behandeln.

Das Problem liegt in der Berechnung der Faltungen. In die Summe $\sum_k h_k x_{n-k}$ geht normalerweise etwa x_{-1} ein, das nicht definiert ist. Wir können dieses Problem auf zweierlei Weise behandeln. Zunächst können wir das Signal auf irgendeine Weise über die Ränder hinaus erweitern. Die andere Möglichkeit besteht darin, in der Nähe der Endpunkte des Signals zu speziellen randkorrigierten Filtern überzugehen. In beiden Fällen gibt es mehrere Alternativen, von denen wir die wichtigsten angeben. Wir beginnen mit verschiedenen Erweiterungstechniken und machen dann mit randkorrigierten Filtern weiter.

Erweiterung von Signalen

Wir beschreiben hier drei Erweiterungsmethoden: Erweiterung durch Nullen (zero-padding), Erweiterung durch Periodiztät (wraparound) und Erweiterung durch Spiegelung (symmetrische Erweiterung). Vgl. Abb. 15.1.

Zero-padding setzt einfach den Rest der Werte auf Null und führt zu der unendlichen Folge

$$\ldots, 0, 0, x_0, x_1, \ldots, x_{L-2}, x_{L-1}, 0, 0, \ldots.$$

Außer für $x_0 = x_{L-1} = 0$ liefert Zero-padding einen Sprung in der Funktion. Zero-padding auf einer auf $(0, L)$ definierten stetigen Funktion würde im Allgemeinen eine unstetige Funktion ergeben. Deswegen wird Zero-padding in den meisten Fällen nicht verwendet.

Wraparound erzeugt ein periodisches Signal mit der Periode L, indem man die Definitionen $x_{-1} = x_{L-1}$, $x_L = x_0$ usw. gibt. Wir erhalten

$$\ldots, x_{L-2}, x_{L-1}, x_0, x_1, \ldots, x_{L-2}, x_{L-1}, x_0, x_1, \ldots.$$

Für Signale mit einer natürlichen Periode ist Wraparound besser als Zero-padding. Die diskrete Fourier-Transformation (DFT) eines Vektors in $\mathbb{R}^L$ ist die Faltung der periodischen Erweiterung des Vektors mit dem Filter $1, W^1, \ldots, W^{L-1}$, wobei $W = e^{-i2\pi/L}$.

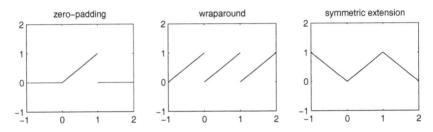

Abb. 15.1. Erweiterungsmethoden

Es gibt zwei Möglichkeiten, ein zeitdiskretes Signal symmetrisch zu erweitern – entweder wir wiederholen das erste und das letzte Sample oder wir tun das nicht.

Führen wir keine Wiederholung durch, dann entspricht das der Erweiterung $f(-t) = f(t)$ in stetiger Zeit. In diskreter Zeit nehmen wir $x_{-1} = x_1$, $x_L = x_{L-2}$ usw. und erhalten

$$\ldots, x_2, x_1, x_0, x_1, \ldots, x_{L-2}, x_{L-1}, x_{L-2}, x_{L-3}, \ldots.$$

Wir bezeichnen das als Ganzpunktsymmetrie[1], denn der Symmetriepunkt liegt bei $t = 0$. Das erweiterte Signal hat die Periode $2L - 1$.

---

[1] whole-point symmetry.

Eine Halbpunktsymmetrie[2] ist die andere mögliche symmetrische Erweiterungsmethode. Hierbei werden der erste und der letzte Sample-Wert nicht wiederholt und der Symmetriepunkt liegt bei $t = 1/2$. Wir setzen $x_{-1} = x_0$ und $x_L = x_{L-1}$ usw. Dadurch ergibt sich ein Signal mit Periode $2L$:

$$\ldots, x_1, x_0, x_0, x_1, \ldots, x_{L-2}, x_{L-1}, x_{L-1}, x_{L-2}, \ldots.$$

Die beiden symmetrischen Erweiterungstechniken liefern zwei Versionen der diskreten Kosinustransformation (DCT). Die DCT wird zum Beispiel beim JPEG-Bildkompressionsstandard verwendet.

Bei stetigem Zeitverlauf ergibt die symmetrische Erweiterung eine stetige Funktion. Das ist der Vorteil dieser Erweiterung. Sie führt jedoch einen Sprung in der ersten Ableitung ein.

Symmetrische Erweiterung und Filter

Von jetzt an setzen wir voraus, daß wir das Signal unter Verwendung der Ganz- oder Halbpunktsymmetrie erweitert haben. Wir werden dann mit einem anderen Problem konfrontiert. Die Ausgaben des Analyse-Teils der Filterbank wurden nach dem Filtern einem Downsampling unterzogen. Wir möchten, daß diese Ausgabesignale ebenfalls symmetrisch sind, denn die Filterbank wird bei der Tiefpaß-Ausgabe in der diskreten Wavelet-Transformation wiederholt. Wie erreichen wir das?

Für eine biorthogonale Filterbank mit symmetrischen (oder antisymmetrischen) Filtern verwenden wir die symmetrische Ganzpunkterweiterung für Filter ungerader Länge und die symmetrische Halbpunkterweiterung für Filter gerader Länge.

In den Bemerkungen findet man Angaben zu Büchern und Artikeln mit weiteren Einzelheiten über Erweiterungen und ihre praktische Implementierung.

Randkorrigierte Filter

Die Konstruktion randkorrigierter Filter ist ziemlich kompliziert. Bei stetig verlaufender Zeit entspricht das der Definition einer Wavelet-Basis für ein endliches Intervall $[0, L]$. Eine derartige Konstruktion wird immer noch gesucht. Wir wollen deswegen ein Beispiel eines randkorrigierten Wavelets beschreiben.

Das Beispiel, das wir betrachten, ist die stückweise lineare Hut-Funktion als Skalierungsfunktion. Ihr Träger besteht aus zwei Intervallen und der Träger des entsprechenden Wavelets aus drei Intervallen (vgl. Abb. 15.2). Das sind die Synthese-Funktionen. Die Filter sind 0.5, 1, 0.5 bzw. 0.1, -0.6, 1, -0.6, 0.1. Bei diesem Beispiel handelt es sich um eine semiorthogonale Wavelet-Basis. Der Approximationsraum V_0 ist orthogonal zum Detail-Raum W_0, aber die Basis-Funktionen innerhalb dieser Räume sind nicht orthogonal; die Hut-Funktion ist nicht orthogonal zu ihren Translaten.

---

[2] half-point symmetry.

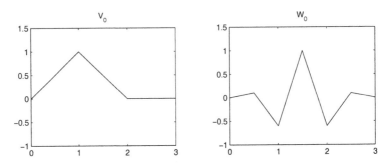

Abb. 15.2. Stückweise lineare Skalierungsfunktion und Wavelet

Diese Basis erweist sich als nützlich, wenn man mit Hilfe der Galerkin-Methode gewisse Differentialgleichungen diskretisiert. In diesem Fall braucht man die duale Skalierungsfunktion und das duale Wavelet nicht zu kennen. In Kapitel 11 findet man Einzelheiten über die Lösung von Differentialgleichungen mit Hilfe von Wavelets.

In Abb. 15.3 sind zwei randkorrigierte Wavelets zu sehen. In Abhängigkeit davon, ob auf dem Rand der Differentialgleichung Dirichlet- oder Neumann-Bedingungen vorliegen, können wir versuchen, für die Randbedingung den Wert 0 zu erzwingen.

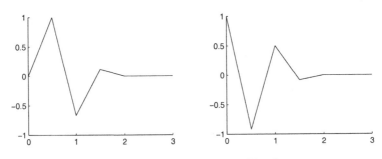

Abb. 15.3. Randkorrigierte Wavelets

15.2 Prä- und Post-Filterung

Implementiert man die diskrete Wavelet-Transformation, dann benötigt man die Skalierungskoeffizienten $s_{J,k}$ in einer Feinskala J. Das Problem ist das folgende: Normalerweise sind die Sample-Werte $f(2^{-J}k)$ einer zeitstetigen Funktion $f(t)$ gegeben und diese Werte sind nicht gleich $s_{J,k}$. Es ist ein weitverbreiteter Fehler, das zu glauben! Wir machen nun einige Vorschläge, wie man mit der Sache umgehen kann kann.

Prä-Filterung

Wir nehmen an, daß die Sample-Werte $f(2^{-J}k)$ eines tiefpaß-gefilterten Signals f mit $\hat{f}(\omega) = 0$ für $|\omega| \geq 2^J \pi$ gegeben sind. Diese Sample-Werte werden in der Skala 2^{-J} zur Approximation von f in Beziehung gesetzt, und zwar durch die Projektion

$$f_J(t) := P_J f = \sum_k \langle f, \varphi_{J,k} \rangle \varphi_{J,k}(t).$$

Ein Zusammenhang tritt auf, wenn wir die Skalierungskoeffizienten $s_{J,k} = \langle f, \varphi_{J,k} \rangle$ näherungsweise mit Hilfe einer numerischen Integrationsmethode berechnen, zum Beispiel mit einer Rechteck-Approximation:

$$\begin{aligned}
s_{J,k} &= \int_{-\infty}^{\infty} f(t) \varphi_{J,k}(t)\, dt \\
&\approx 2^{-J} \sum_l f(2^{-J}l) \varphi_{J,k}(2^{-J}l) \\
&= 2^{-J/2} \sum_l f(2^{-J}l) \varphi(l - k).
\end{aligned}$$

Man beachte, daß es sich beim letzten Ausdruck um eine Filterung der Samples von f handelt, wobei die Filterkoeffizienten die $2^{-J/2}\varphi(-l)$ sind. Dieser Vorgang wird als *Prä-Filterung* bezeichnet. Es gibt auch andere Prä-Filterungs-Methoden. Ist beispielsweise f bandbegrenzt, dann kann das dazu verwendet werden, die Skalierungskoeffizienten $s_{J,k}$ genauer zu berechnen. Es ist eine übliche Praxis, die Sample-Werte direkt als Skalierungskoeffizienten zu verwenden, was dann zu einem Fehler führt. Dieser Fehler wirkt sich hauptsächlichen in den kleinsten Skalen aus, das heißt, für Werte $j < J$ in der Nähe von J (vgl. Übungsaufgabe 15.1).

Post-Filterung

Die Sample-Werte lassen sich näherungsweise rekonstruieren, indem man die Skalierungskoeffizienten $s_{J,k}$ mit den Filterkoeffizienten $2^{J/2}\varphi(k)$ filtert:

$$\begin{aligned}
f(2^{-J}k) &\approx f_J(2^{-J}k) \\
&= \sum_l s_{J,l} \varphi_{J,l}(2^{-J}k) \\
&= 2^{J/2} \sum_l s_{J,l} \varphi(k - l).
\end{aligned}$$

Das ist eine Faltung, die als *Post-Filterungs*-Schritt bezeichnet wird.

Übungsaufgaben zu Abschnitt 15.2

Übungsaufgabe 15.1. Gegeben seien die Sample-Werte $f(2^{-J}k)$ eines tief-paß-gefilterten Signals f mit $\widehat{f}(\omega) = 0$ für $|\omega| \geq 2^J\pi$. Zeigen Sie, daß für ω im Paßband

$$\widehat{f}(\omega) = 2^{-J} \sum_k f(2^{-J}k)e^{-i2^{-J}k\omega}$$

gilt und daß die Fourier-Transformation der Funktion

$$f_J(t) = \sum_k f(2^{-J}k)\varphi_{J,k}(t)$$

gleich dem folgenden Ausdruck ist:

$$\widehat{f_J}(\omega) = 2^{-J/2}\widehat{\varphi}(2^{-J}\omega) \sum_k f(2^{-J}k)e^{-i2^{-J}k\omega}.$$

Das ist ein Hinweis darauf, wie ein Filter konstruiert werden könnte, um den Einfluß der Skalierungsfunktion zu kompensieren

15.3 Bemerkungen

Der Übersichtsartikel von Jawerth und Sweldens [20] beschreibt, wie man orthogonale Wavelets auf einem Intervall definiert. Das Buch [27] von Nguyen und Strang diskutiert Signale endlicher Länge und enthält auch wichtige Literaturhinweise zum weiteren Studium.

Literaturverzeichnis

1. P. Andersson, *Characterization of pointwise hölder regularity*, Appl. Comput. Harmon. Anal. **4** (1997), 429–443.
2. ———, *Wavelets and local regularity*, Ph.D. thesis, Chalmers University of Technology and Göteborg University, 1997.
3. G. Beylkin, *Wavelets and fast numerical algorithms*, Lecture Notes for short course, AMS-93, Proceedings of Symposia in Applied Mathematics, vol. 47, 1993, pp. 89–117.
4. G. Beylkin, R. Coifman, and V. Rokhlin, *Fast wavelet transforms and numerical algorithms i*, Comm. Pure and Appl. Math. **44** (1991), 141–183.
5. W. Briggs, *A multigrid tutorial*, SIAM, 1987.
6. A.R. Calderbank, I. Daubechies, W. Sweldens, and B-L Yeo, *Wavelet transforms that map integers to integers*, Appl. Comput. Harmon. Anal. **5** (1998), 312–369.
7. C.K. Chui, *Introduction to wavelets*, New York: Academic Press, 1992.
8. ———, *Wavelets: a mathematical tool for signal analysis*, Philadelphia: SIAM, 1997.
9. A. Cohen and I. Daubechies, *Non-separable bidimensional wavelets*, Revista Matemática Iberoamericana **9** (1993), no. 1, 51–137.
10. A. Cohen and J-M Schlenker, *Compactly supported bidimensional wavelet bases with hexagonalsymmetry*, Constr. Approx. **9** (1993), 209–236.
11. I. Daubechies, *Ten lectures on wavelets*, SIAM, 1992.
12. I. Daubechies and W. Sweldens, *Factoring wavelet transforms into lifting steps*, Tech. report, Bell Laboratories, Lucent Technologies, 1996.
13. D.L. Donoho, *Nonlinear wavelet methods for recovery of signals, densities and spectra from indirect and noisy data*, Proc. Symposia in Applied Mathematics (I. Daubechies, ed.), American Mathematical Society, 1993.
14. D. Gibert, M. Holschneider, and J.L. LeMouel, *Wavelet analysis of the chandler wobble*, J Geophys Research - Solid Earth **103** (1998), no. B11, 27069–27089.
15. L. Greengard and V. Rokhlin, *A fast algorithm for particle simulations*, Journal of Computational Physics **73(1)** (1987), 325–348.
16. E. Hernández and G. Weiss, *A first course on wavelets*, CRC Press, 1996.
17. M. Hilton, B. Jawerth, and A. Sengupta, *Compressing still and moving images with wavelets*, To appear in Multimedia Systems, Vol. 2, No. 1, 1994.
18. M. Holschneider, *Wavelets: An analysis tool*, Oxford: Clarendon Press, 1995.

19. B.B. Hubbard, *World according to wavelets: The story of a mathematical technique in the making*, Wellesley, Mass : A K Peters, 1998.
20. B. Jawerth and W. Sweldens, *An overview of wavelet based multiresolution analyses*, SIAM Rev. **36** (1994), no. 3, 377–412.
21. J-P Kahane and P.G. Lemarié-Rieusset, *Fourier series and wavelets*, Gordon & Breach, 1995.
22. S. Mallat, *A wavelet tour of signal processing*, Academic Press, 1998.
23. Y. Meyer, *Ondelettes et opérateurs: I*, Hermann, 1990.
24. _____, *Wavelets: Algorithms & applications*, SIAM, 1993.
25. N. Saito and R. Coifman, *Local discriminant bases*, Mathematical Imaging: Wavelet Applications in Signal and Image Processing (A.F. Laine and M.A. Unser, eds.), vol. 2303, SPIE, 1994.
26. _____, *Improved local discriminant bases using emperical probability estimation*, Statistical Computing, Amer. Stat. Assoc., 1996.
27. G. Strang and T. Nguyen, *Wavelets and filter banks*, Wellesley-Cambridge Press, 1996.
28. R. Strichartz, *Wavelets and self-affine tilings*, Constructive Approximation (1993), no. 9, 327–346.
29. W. Sweldens and P. Schröder, *Building your own wavelets at home*, Tech. report, University of South Carolina, Katholieke Universiteit Leuven, 1995.
30. M. Vetterli and J. Kovacevic, *Wavelets and subband coding*, Prentice Hall, 1995.
31. M.V. Wickerhauser, *Lectures on wavelet packets algorithms*, Tech. report, Department of Mathematics, Washington University, St Louis, 1991.

Sachverzeichnis